黑龙江古生物

HEILONGJIANG GUSHENGWU

李宝民　单广杰　冯　楠　刘可新
王国文　张晟源　石伟东　杨诘诺　编著
李　哲　康明春

中国地质大学出版社
ZHONGGUO DIZHI DAXUE CHUBANSHE

图书在版编目(CIP)数据

黑龙江古生物/李宝民等编著. —武汉:中国地质大学出版社,2024.9. —ISBN 978-7-5625-5927-6

Ⅰ.Q911.723.5

中国国家版本馆 CIP 数据核字第 2024GW9013 号

黑龙江古生物	李宝民　单广杰　冯　楠　刘可新		
	王国文　张晟源　石伟东　杨诘诺		**编著**
	李　哲　康明春		

责任编辑:杨　念	选题策划:江广长　毕克成　段勇	责任校对:张咏梅
出版发行:中国地质大学出版社(武汉市洪山区鲁磨路388号)		邮编:430074
电　　话:(027)67883511	传　　真:(027)67883580	E-mail:cbb@cug.edu.cn
经　　销:全国新华书店		http://cugp.cug.edu.cn
开本:880mm×1 230mm　1/16	字数:256千字	印张:8.25
版次:2024年9月第1版	印次:2024年9月第1次印刷	
印刷:武汉精一佳印刷有限公司		
ISBN 978-7-5625-5927-6		定价:98.00元

如有印装质量问题请与印刷厂联系调换

前 言 PRERACE

在漫长的地质年代里,地球上曾经生活过无数的生物,许多生物死亡后的遗体或是生活时遗留下来的痕迹,被当时的泥沙掩埋。在随后的岁月中,这些生物遗体中的有机质分解殆尽,坚硬的部分,如外壳、骨骼、枝干等与周围的沉积物一起经过石化变成了石头,但是它们原来的形态、结构依然保留着;同样,生物生活时留下的痕迹也可以这样保留下来,这些石化了的生物遗体、遗迹就称为化石。化石是研究生命起源和演化、确定地层层位和寻找矿产资源的重要依据,也是促进科普教育、环境保护和生态文明建设的宝贵资源。

黑龙江省地域辽阔,化石资源丰富。从元古宙到新生代,各个地质时代地层中都不同程度地含有古生物化石。元古宙地层产微古植物化石;古生代地层含腕足类、双壳类、珊瑚、笔石、三叶虫、蜓类、牙形石、植物和孢粉化石;中生代地层产恐龙、叶肢介、介形虫、双壳类、鱼类、放射虫、牙形石、沟鞭藻、植物和孢粉化石;新生代地层产植物、孢粉、哺乳动物等化石。

《黑龙江古生物》是首次对黑龙江省古生物化石及其地质背景的全面总结,也是一部具有科普性质的学术专著。本书包括4章20节,记录黑龙江省古生物化石约17个门类,涉及近万件标本,概述了它们的分类特征以及地质、地理分布等。本书整合了黑龙江省各类地质报告和专著中的古生物相关内容,并围绕近几年的新发现进行归纳和总结,提出黑龙江省现有九大生物群的全新观点。在介绍化石的基础上,对九大生物群进行详细描述,其中以"白垩纪恐龙生物群""晚白垩世—古新世嘉荫植物群"和"第四纪哺乳动物群"最具黑龙江特色。本书系统回顾了黑龙江省古生物25亿年来的生命演化历程和地质、地理变迁,希望能带读者走进黑龙江省古生物世界。

感谢黑龙江省自然资源厅、黑龙江省地质博物馆、黑龙江省地质资料档案馆、黑龙江省地质科学研究所、青冈县古生物化石保护研究中心等部门和单位在本书编著过程中的大力支持与协助!

由于编著者水平有限,书中不足之处,敬请批评指正。

编著者
2023年11月

目 录 CONTENTS

第一章 黑龙江省古生物研究 ·· (1)
　　第一节 黑龙江省自然地理概况 ·· (1)
　　第二节 黑龙江省以往古生物化石研究工作评述 ··· (1)

第二章 黑龙江省古生物化石赋存层位 ·· (4)
　　第一节 中—新元古代地层 ·· (4)
　　第二节 古生代地层 ··· (5)
　　第三节 中生代地层 ·· (11)
　　第四节 新生代地层 ·· (19)

第三章 黑龙江省九大生物群 ··· (22)
　　第一节 奥陶纪多宝山古生物群 ··· (23)
　　第二节 志留纪卧都河古生物群 ··· (31)
　　第三节 泥盆纪泥鳅河古生物群 ··· (35)
　　第四节 二叠纪红山植物群 ··· (40)
　　第五节 白垩纪龙爪沟古生物群 ··· (44)
　　第六节 白垩纪光华古生物群(热河生物群) ··· (50)
　　第七节 白垩纪恐龙生物群 ··· (53)
　　第八节 晚白垩世—古新世嘉荫植物群 ·· (65)
　　第九节 第四纪哺乳动物群 ··· (73)

第四章 古生物化石的保护与管理 ··· (90)
　　第一节 古生物化石保护历史沿革 ·· (90)
　　第二节 现行的古生物化石保护政策 ··· (91)
　　第三节 古生物化石管理 ·· (92)
　　第四节 化石保护体系建设 ··· (98)
　　第五节 化石合作与交流 ·· (102)

附录一 泥盆纪化石图版 ··· (105)

附录二 二叠纪红山植物群化石图版 ·· (114)

附录三 白垩纪恐龙生物群化石图版 ·· (116)

主要参考文献 ·· (121)

第一章 黑龙江省古生物研究

第一节 黑龙江省自然地理概况

黑龙江省是中国纬度最高、经度最东的省份：西起 121°11′，东至 135°05′；南起 43°26′，北至 53°33′。南北跨 10 个纬度，2 个热量带；东西跨 14 个经度，3 个湿润区。北部和东部与俄罗斯相邻，边境线长 3045km，是亚洲与太平洋地区陆路通往俄罗斯和欧洲大陆的重要通道，西部与南部分别与内蒙古自治区和吉林省相邻，面积 47.07 万 km²。

黑龙江省地势大致是西北部、北部和东南部高，东北部、西南部低，主要由山地、台地、平原和水面构成。西北部为北东-南西走向的大兴安岭山地，北部为北西-南东走向的小兴安岭山地，东南部为北东-南西走向的张广才岭、老爷岭、完达山脉；东北部的三江平原、西部的松嫩平原，是中国最大的东北平原的一部分，海拔高度为 50~200m。

黑龙江省有黑龙江、松花江、乌苏里江三大水系，有兴凯湖、镜泊湖、连环湖和五大连池 4 处较大湖泊及星罗棋布的泡沼。

哈尔滨铁路局位于全国路网的东北端，管辖线路覆盖黑龙江省全境和内蒙古自治区呼伦贝尔市。截至 2022 年末，黑龙江省境内公路线路里程 16.9 万 km，公路网密度为 0.35km/100km²。黑龙江水系是我国主要通航的三大水系之一，主要通航河流有黑龙江、松花江、乌苏里江、嫩江、额尔古纳河和兴凯湖、镜泊湖等。总通航里程 7667km，可沟通我国黑龙江、吉林、内蒙古三省区的 9 市、55 个县（旗）和 70 多个农场、林场以及俄罗斯远东地区哈巴罗夫斯克（伯力）、布拉戈维申斯克（海兰泡）、共青城等大中城市。江海联运通过黑龙江下游（俄境内）出海可直达日本、韩国等国和我国东南沿海港口。水运是黑龙江省经济发展和对俄贸易的主要窗口与重要通道，具有其他运输方式不可替代的作用。全省拥有运输机场 13 个，开通国内国际航线 266 条。

第二节 黑龙江省以往古生物化石研究工作评述

黑龙江省地质调查历史悠久，受交通、地形及历史条件的影响，以往的古生物化石调查及研究工作多偏重于交通条件较好的地段，而偏远山区和国境线附近地质工作程度较低。1949 年前古生物化石专项研究工作甚少，但也发现了一些零星的化石产地，并描述了一些新的属种。1925 年，在黑龙江沿岸嘉荫地区首次发现恐龙化石——*Mandschurosaurus amurensis* Riabinin。

自 20 世纪 70 年代开始，黑龙江省 1∶20 万区域地质调查工作相继开展，90 年代中期全面完成了全省的 1∶20 万区域地质调查工作。此间，在全省范围内发现了一大批化石产地。

其中,兴隆—罕达气地区的古生代地层,奥陶纪—早石炭世为连续沉积,含有丰富的多门类动、植物化石,包括腕足类、三叶虫、笔石等,这在黑龙江省乃至全国都是罕见的。这一成果对建立天山—兴安地层区的奥陶纪、志留纪、泥盆纪、石炭纪地层格架有着重要作用,并对研究该区古生代古地理及地史演化有着非同寻常的意义。

在进行1:20万区域地质调查时,在嘉荫地区渔亮子组新发现多个层位含恐龙化石。嘉荫地区晚白垩世嘉荫群渔亮子组以含鸭嘴龙化石著称,并可见霸王龙及鱼、鳖、鸟类化石。嘉荫群还产叶肢介及嘉荫型植物群化石,其中包括松柏、银杏、苏铁、真蕨等。

在黑河市洪湖吐河,发现早石炭世杜内期腕足类化石,划分为 *Fusella - Syringothyris* 组合,填补了黑龙江省无早石炭世海相地层的空白。

1989年,在《黑龙江省区域地质志》编著过程中,在尚志市小金沟(原划为泥盆纪地层)采集到奥陶纪腕足类化石,改变了滨东地区无奥陶纪地层的历史,朱慈英等(1989)将小金沟腕足类化石称为 *Vellamo trentonensis* 组合。

近70年来,科研工作者在大庆油田开展的石油地质工作中,完成的叶肢介、介形虫、双壳类、腹足类、恐龙、昆虫、鳄、鳖、鱼类、沟鞭藻、轮藻、植物及孢粉等鉴定成果,对松辽盆地松花江群的划分和对比起到了至关重要的作用,并对其中的叶肢介动物群划分了10个组合(带),介形虫划分了13个组合带,轮藻划分了3个带、7个亚带,沟鞭藻划分了3个组合,双壳类划分了3个组合,孢粉划分了7个组合,为我国晚白垩世生物地层研究工作提供了有力支持(晚白垩世北方生物地层泉头阶—明水阶,主要依据黑龙江省大庆生物地层资料)。

1995年,在全国地层多重划分对比研究工作中,《黑龙江省岩石地层》的作者对全省有关地层古生物方面的资料进行了全面搜集,整理出不同门类数十个组合(带)。不仅如此,在野外核查中,于呼玛县兴隆镇安娘娘桥(原划为下奥陶统安娘娘桥组)采集到奥陶纪晚期的三叶虫化石,从而厘定了安娘娘桥组的时代和层位;另在阿城区交界镇发现双壳类 *Palaeanodonta pseudolongissima*,并在其下部发现晚二叠世晚期 *Comia - Callipteris* 植物组合,这是黑龙江省包括东北地区在内少有的 *Palaeomutela - Palaeanodonta* 动物群与 *Comia - Callipteris* 植物群在同一剖面上出现的现象。

《黑龙江省岩石地层》的作者在全面搜集前人研究成果的基础上,归纳总结出本省不同地史时期古生物化石组合(带),并对其生存环境以及岩相古地理有所述及,尤其是近年发表的古生物化石论文,对化石的形态、岩相古地理、古气候、生物群落、生物地理区系、生物演化及时代均进行了详细的论述。

在虎林—密山地区中、晚侏罗世—早白垩世海陆交互相地层中发现了多门类古生物化石,包括双壳类、腕足类、菊石、沟鞭藻、介形虫、腹足类及植物化石等。其中,双壳类划分为2个组合;腕足类划分为1个组合;菊石划分为1个组合;沟鞭藻划分为1个顶峰带、3个组合带及1个组合;介形虫划分为3个组合;植物划分为2个组合。该地是中国北方唯一发现此类沉积环境的含煤地层。

在饶河地区中三叠世—早侏罗世地层中发现丰富的放射虫及牙形石化石,为国内少见。同期,杨群等(1992)将饶河地区的中三叠世—早侏罗世的大佳河组所产放射虫划分为2个组合带,大岭桥组划分为1个组合带;赵武锋和郭亚军(1995)将大佳河组放射虫建立为1个组合带;王成源等(1988)将大佳河组牙形石划分为5个带。

顾知微和沙金庚对虎林—密山地区龙爪沟群双壳类等化石的研究,将龙爪沟群的时代由原来的中、晚侏罗世更正为早白垩世。

《辽西早期被子植物及伴生植物群》(孙革等,2001)中提出,黑龙江省最早的被子植物产自鸡西早白垩世早—中期的海陆交互相城子河组,主要有 *Asiatifolium elegans*、*Jixia pinnatipartita*、*Shenkuoia caloneura*、*Zhengia chinensis*、*Xingxueina heilongjiangensis* 等。

2002年,黑龙江省地质博物馆海树林、于庭相等对前人发现的乌拉嘎恐龙化石产地进行发掘,并与比利时皇家科学院恐龙专家Pascal Godefroit共同研究确定2个新属种:一种为鸭嘴龙科赖氏龙亚科鄂伦春黑龙（*Sahaliyania elunchunorumn*），另一种为鸭嘴龙科鸭嘴龙亚科董氏乌拉嘎龙（*Wulagasaurus dongi*），同时也把前人划分的孙吴组更正为渔亮子组。

2002—2011年，我国古生物学家孙革带领的多国科学家科研团队对黑龙江省嘉荫地区的晚白垩世—古近纪生物群及其地层（K—Pg）界线进行了研究，报道了该地区K—Pg界线附近新建立的7个孢粉组合带和晚白垩世2个大植物组合，以及新发现的9个恐龙生物群。

2011年，"伊春地质古生物国际学术研讨会"召开。以我国古生物学家孙革为首的多国科学家共同努力，在嘉荫地区发现了具有国际对比标准的白垩纪—古近纪地层界线（K—Pg界线，也称K—T界线），被国际地质古生物界确认为全球K—Pg界线的第95号点。会议期间在嘉荫举行了"K—T界线"揭碑仪式，这不仅是我国陆相白垩纪—古近纪地层界线的第一个国际性点位，也是我国近年来在地学领域取得的重大科研成果之一，对推动国际地质古生物研究具有重要意义。

2013年，由黑龙江省区域地质调查所实施的全省范围内的首次系统的古生物化石调查项目"黑龙江省古生物化石调查及保护研究"，是在充分掌握前人研究基础上开展的专门针对古生物化石的科研项目。通过项目实施，调查了黑龙江省古生物化石产地共236处，在省内建立了卧都河-罕达气化石预警区、密山-宝清化石预警区、逊克-嘉荫化石预警区和饶河化石预警区，划分了奥陶纪多宝山古生物群、志留纪卧都河古生物群、泥盆纪泥鳅河古生物群、二叠纪红山植物群、白垩纪龙爪沟古生物群、晚白垩世光华生物群、白垩纪恐龙生物群、晚白垩世—古新世嘉荫植物群和第四纪哺乳动物群九大生物群。

2015—2017年，实施了"黑龙江省青冈县猛犸象—披毛犀动物群化石产地集中区调查与评价"项目，查明青冈县已发现的以真猛犸象和披毛犀为典型代表的古生物化石群，全部产于第四系灰绿色淤泥层中，赋存于晚更新世晚期（相当于顾乡屯组）及同期异相堆积物中。初步定义真猛犸象及伴生动物群在青冈县生存于晚更新世末期距今4万—1万年的末次冰期。猛犸象—披毛犀动物群生存的环境属于冰缘植被类型。通过调查，在青冈县发现化石点152处，并依据以上化石点分布及地层赋存情况为青冈县划定了古生物化石重点保护区。

2016年9月—2018年12月，黑龙江省开展"黑龙江省重点古生物化石调查、登记及保护规划"项目，由黑龙江省区域地质调查所承担。项目完成了猛犸象—披毛犀动物群化石调查及综合研究、化石标本登记与数据库建设、古生物化石保护规划建议等工作，将本省第四纪动物群化石特色调查研究水平提高至新的阶段，并设立古生物化石标本数据库在线管理系统，同时依据规划继续提升本省古生物化石保护水平。

2019—2020年，黑龙江省地质科学研究所开展了"全国重要古生物化石调查与保护监测示范"的子项目——"黑龙江省古生物化石产地调查与监测示范"，查明了省内90处重要化石产地的分布现状、保存现状、保护现状、化石赋存情况及基础地质特征，完成了青冈县第四纪哺乳动物化石产地监测示范工作，形成了保护监测推广建议，提出了产地保护管理规划建议。

2019—2022年，黑龙江省地质科学研究所实施了"黑龙江省古生物化石资源数据采集"项目，全面掌握了本省化石资源类型、分布规律、开发与保存现状，对化石资源进行分类分级，甄选出具有较高科学价值、观赏价值、经济价值的化石，对其进行保护区划，提出化石保护措施和建议，为有效保护、科学管理和合理开发利用黑龙江省化石资源提供了基础资料及科学依据。

第二章 黑龙江省古生物化石赋存层位

黑龙江省古生物化石资源丰富。从元古宙到新生代，各个地质时代地层中都不同程度地含有古生物化石。现将化石赋存的地质背景介绍如下。

第一节 中—新元古代地层

中—新元古界麻山岩群：包括西麻山岩组、余庆岩组，主要发育于鸡西麻山地区，在密山、虎林等地有零星分布。为一套含橄榄石、透辉石大理岩，含夕线石石榴石片麻岩、变粒岩，石墨片岩，麻粒岩等。化石产于碎屑状透辉石岩中，其上、下分别为透辉石石英岩和大理岩，原岩为含泥质硅质灰岩，形成于稳定陆缘的滨海近岸沉积环境，共4个属：*Jixiella*，*Arumberia*，*Glaessenerina*，*Mashania*（刘效良，1981）（图2-1）。密山—西麻山地区麻山岩群的沉积时限为新元古代早期，在1000—898Ma之间。

图2-1 变形麻山虫

新元古界—下寒武统零点岩群：自下而上划分为房建岩组和大乌苏河岩组，分布在大兴安岭新林区塔源镇、林海镇和大乌苏镇等地区，岩性有变石英砂岩、变含长石石英砂岩、板岩、千枚岩和微晶灰岩、变酸性火山岩等。其中，房建岩组在其代表剖面——小库大音河上游剖面的6层灰岩及7层绢云母板岩中发现较多的球藻化石；大乌苏河岩组的代表剖面为新林东7.5km剖面，在变火山灰凝灰岩中见球藻化石。

新元古界—下寒武统兴隆岩群高力沟岩组：出露在呼玛县高力店—十四站一带，下部为铅灰色、黄绿色、灰绿色千枚岩夹砂泥质灰岩和钙质砂岩，上部为黄褐色、黄白色中粗粒—中细粒石英砂岩、含砾石英砂岩、砂砾岩夹千枚岩，产微体化石。代表剖面为呼玛县兴隆乡十四站洪胜沟剖面。

新元古界—下寒武统兴隆岩群洪胜沟组：分布于呼玛县—十四站一带，整合于高力沟岩组之上、三义沟组之下，中下部为黄色、灰色、灰黑色薄层（条带）状结晶灰岩与砂泥质灰岩互层，夹绢云板岩、硅质板岩，局部为厚层状白云岩、白云质大理岩并夹碳质板岩；上部为黄绿色、灰褐色粉砂质板岩，产微体化石。代表剖面为呼玛县兴隆乡十四站洪胜沟剖面。

新元古界—下寒武统老秃顶子组：主要是碳泥质板岩、碳质板岩、粉砂质碳质板岩夹变质杂砂岩，在灰黑色粉砂质碳质板岩中含丰富的疑源类化石。

第二节 古生代地层

一、寒武纪地层

纽芬兰统—第二统五星镇组：暗色碎屑岩—碳酸盐组合。黑色大理岩、黑色碳质页岩、黑色角砾状大理岩。含库廷虫等三叶虫化石和圆货贝等腕足类化石，三叶虫为早寒武世俄罗斯勒拿河流域生物群分子。代表剖面为伊春市五星镇钻孔剖面（ZK59、ZK50）。化石均采自五星镇钻孔 ZK50 岩芯 93～100m 之间。

纽芬兰统—第二统晨明组：沥青质灰岩—燧石条带灰岩组合。灰黑色厚层白云质灰岩、沥青质灰岩（臭灰岩）、燧石条带灰岩夹灰紫色砂岩、页岩。代表剖面为汤原县晨明村剖面，产微古植物化石。黑龙江省东部地区晨明组的形成时代介于 561—510Ma 之间。

二、奥陶纪地层

下奥陶统库纳森河组：由黄褐色、灰白色变中粗粒—细粒石英砂岩、长石砂岩、杂砂岩、凝灰砂岩和含砾酸性凝灰熔岩夹砾岩、粉砂岩和板岩组成。代表剖面为新林区富林经营所黄斑脊山剖面（Pm_{28}）。本组粉砂岩夹层中见有腕足类化石，也发现少量未曾定名的三叶虫化石。

下奥陶统黄斑脊山组：以深灰色、黄褐色变质粉砂岩、板岩为主，偶夹片理化酸性凝灰岩。代表剖面为新林区富林经营所黄斑脊山剖面（Pm_{28}）。本组腕足类称 *Finkelnburgia bellatula - Humaella huangbanjiensis* 组合，三叶虫称 *Ceratopyge - Apatokephalus* 组合、*Anacheiruraspis - Zoraspis* 组合。

下—中奥陶统铜山组：分布在嫩江上游以东，由灰黑色微层状板岩与黄色杂砂质砂砾岩、中粗粒杂砂质长石砂岩、黄白色流纹质凝灰砂砾岩、凝灰熔岩等组成。代表剖面为嫩江市裸河西岸剖面（PME_{01}）。浅色粗碎屑岩产腕足类、三叶虫化石，灰黑色微层状板岩产笔石化石。含腕足类 *Productorthis americana* 组合带、*Diparelasma dongbeiensis* 组合带、*Famatinorthis luoheensis - Brandysia biconvexa* 组合带；含三叶虫 *Pliomerops - Parasphaerexochus* 组合带、*Pliomerellus - Metopolichas* 组合带、*Trinodus - Eudolatites* 组合带、*Remopleurides - Ceraurinella* 组合带；含笔石 *Didymograptus* cf. *nanus* 组合带、*Phyllograptus anna* 组合带、*Dicellograptus sextans - Climacograptus putillus* 组合带。

下—中奥陶统多宝山组：分布在嫩江市多宝山、黑河市罕达气等地区，区域上整合于铜山组之上、裸河组之下的中基性、中酸性火山岩，为灰绿色英安岩、安山质熔岩、火山角砾岩、凝灰岩及沉凝灰岩等，下部偶夹大理岩，大理岩中产腕足类及三叶虫化石。代表剖面为嫩江市多宝山铜矿东南 22km 处下—中奥陶统多宝山组修测剖面（PME_{01}）。含腕足类 *Lepetllina sinica - Titambonites incertus* 组合带。

中奥陶统大伊希康河组：分布在伊勒呼里山南、北坡，主要为灰黑色、灰绿色细粒长石砂岩、石英砂岩，灰白色、深灰色中—粗粒含砾凝灰砂岩、含砾杂砂岩、石英砂岩，局部夹粉砂岩或板岩。代表剖面为黑龙江省呼玛县樟松山剖面（Pm_{23}）。粉砂岩中产腕足类及三叶虫化石。

上—中奥陶统小金沟组：主要分布在尚志—庆安—逊克一线以东、亚布力—依兰—南岔—乌伊岭—

线以西,木兰县长发屯、通河县弯腰山,铁力市,木兰县六合屯,伊春市十五林场、向阳、宏川等地区。下部主要为黑色、灰黑色板岩、碳质板岩与流纹岩、角斑岩互层,局部夹结晶灰岩;底部为白色石英岩、石英砾岩;上部为一套正常沉积碎屑岩—碳酸盐岩组合。代表剖面为尚志市小金沟剖面。含腕足类化石。王志伟(2017)在尚志市小金沟村西山本组大理岩夹层中的变质安山岩锆石最小一组 LA-ICP-MS-U-Pb 加权平均年龄为 449±3Ma。

上奥陶统裸河组:分布在多宝山、罕达气、呼玛等地区,为整合于多宝山组之上、爱辉组之下的正常碎屑岩组合。下部以凝灰砂岩、长石砂岩及杂色含铁杂砂岩为主,夹含凝灰质生物灰岩、砂砾岩,底部为杂色砾岩;上部为钙质细砂粉砂岩、黄褐色硅化砂岩、灰绿色凝灰细砂岩;顶部为黄绿色粉砂质板岩。底以杂色砾岩始现与多宝山组分界。代表剖面为黑河市裸河东岸剖面(PME_{02})。产三叶虫和腕足类化石。含腕足类 *Hingganoleptaena nenjiangensis-Giraldella humaensis* 组合带、*Dalmanella sulcata-Dedzetina feilongshanensis* 组合带;含三叶虫 *Encrinuroides-Humaendcrinuroides* 组合带、*Phillipsinella-Whittingtonia* 组合带;含笔石 *Dictyonema-Dendrograptus* 组合带。

上奥陶统爱辉组:指整合于裸河组之上、黄花沟组之下的灰黑色含笔石板岩组合。下部为黄绿色、褐黄色变质粉砂岩与黑色板岩互层,构成微层状结构,产直笔石;上部为灰黑色板岩与黄白色粉砂岩互层,构成微层状—显微层状(凝缩层)构造。代表剖面为黑河市裸河东岸剖面(PME_{02})。本组含有大量的三叶虫及腕足类化石。含腕足类 *Odoratus wangi-Magicostrophia hingganensis* 组合带、笔石 *Orthograptus* cf. *truncatus* 组合。

三、志留纪地层

兰多维列统黄花沟组:粉砂绢云绿泥板岩与细砂岩、粉砂岩组合。典型发育区为黑河市裸河流域,分布于罕达气、呼玛、兴隆、嫩江等地。主要岩石组合为灰绿色、黄绿色粉砂绢云绿泥板岩与细砂岩、粉砂岩互层,夹长石石英砂岩。代表剖面为黑河市裸河东岸剖面(PME_{02})。含腕足类 *Chonetoidea* 组合带。

温洛克统八十里小河组:灰紫色、灰绿色杂砂岩-石英砂岩-砂砾岩组合。典型发育区为卧都河南八十里小河,分布于罕达气、呼玛、兴隆、嫩江等地。主要岩石组合为灰紫色、灰绿色杂砂岩、杂砂质石英砂岩、粉砂岩、凝灰砂岩、砂砾岩,局部夹中基性—中酸性火山岩,自下而上岩石粒径变粗。代表剖面为嫩江市卧都河南西 4km 345.9 高地—607.4 高地八十里小河组剖面(PMC_{50})。含腕足类拉科夫斯基图瓦贝化石。化石组合为 *Tuvaella rackovskii* 组合。

罗德洛统卧都河组:粉砂质板岩—石英砂岩夹砂砾岩组合。典型发育区为卧都河流域,分布于罕达气、呼玛、兴隆、嫩江等地。主要岩石组合下部为灰绿色粉砂质板岩、粉砂岩、凝灰质板岩;上部为灰黄色—黄绿色杂砂质石英砂岩、厚层状石英砂岩、粉砂质板岩夹薄层砂岩。自下而上岩石粒径变粗。代表剖面为嫩江市卧都河南 O_3—D_1 剖面。含腕足类 *Tuvaella gigantea* 组合带。

普里道利统古兰河组:主要为细—粉砂岩、凝灰质粉砂岩、粉砂岩和粉砂质板岩等。代表剖面为爱辉区西古兰河剖面。产腕足类及珊瑚化石。

四、泥盆纪地层

下泥盆统泥鳅河组:指主要分布于泥鳅河流域和兴隆地区,零星分布于漠河市等地,区域上整合于卧都河组之上、德安组之下的一套粉砂岩、板岩、火山岩夹大理岩组合。产腕足类、珊瑚等化石。代表剖面为黑河市爱辉区金水剖面。含腕足类 *Plectodonta mariae - Meristella* aff. *atoka* 组合、*Leptocoelia sinica* 组合、*Gladiostrophia kondoi* 组合、*Acrospirifer dyadobomus* 组合。

中—下泥盆统黑龙宫组：分布于尚志市黑龙宫、胜利、黑山、小煤窑山、五星镇等地，岩性为砂砾岩、砂岩、板岩、凝灰砂岩、大理岩、中酸性火山岩等，下部以碎屑岩为主，上部发育火山岩，下部产丰富的珊瑚、腕足类化石等。

中—下泥盆统小北湖组：分布于小北湖地区，主要为变质砂岩、碳质板岩、绢云板岩、千枚岩等，局部受构造改造较强，未见底，顶与歪鼻子组构造接触。产较丰富的腕足类及苔藓类化石。代表剖面为宁安市小北湖东剖面。

中—下泥盆统黑台组：分布在密山、宝清地区，整合于老秃顶子组之下的碳酸盐岩—碎屑岩组合。共分3个岩段：下部为砂砾岩段，由花岗质砂岩、砂砾岩、砂质板岩组成；中部为灰岩段，由砂质灰岩、泥质岩、薄层灰岩等组成；上部为砂板岩段，由杂砂岩、钙质砂岩与板岩互层夹凝灰砂岩组成。为一套稳定陆缘碎屑岩—碳酸盐岩建造，含腕足类、珊瑚、苔藓虫等化石。密山一带原下黑台组中采到5件泥盆纪鱼类化石，这些鱼化石骨片属于盾皮鱼类。代表剖面为密山市新忠村剖面。含四射珊瑚 *Sulcorphyllum - Cystiphylloides* 组合、苔藓虫 *Semicoscinium - Fenestella - Hemitrypa* 组合。

中泥盆统德安组：指主要分布于根里河、窝里河、嫩江、罕达气、金水、西古兰河、桦树排子、张地营子、老道店等地，区域上整合于泥鳅河组之上，未见顶的一套杂色碎屑岩组合，主要为粉砂岩、砂砾岩、板岩、灰岩、凝灰岩等。产腕足类、珊瑚等化石。代表剖面为黑河市爱辉区德安金厂北东西古兰河剖面。

中泥盆统宏川组：分布于伊春市宏川等地，为灰绿色凝灰质砂砾岩、角砾岩、砂板岩夹灰岩，产腕足类等化石。代表剖面为伊春市上甘岭区宏川站南剖面。

中—上泥盆统根里河组：分布在黑河市大河里河流域及嫩江卧都河、呼玛县十一站等地，整合于泥鳅河组之上、小河里河组之下。岩性为黑灰色杂砂岩、长石砂岩、绿泥板岩、凝灰砂岩及凝灰岩等，产有腕足类化石等。代表剖面为黑河市大河里河西剖面。

上泥盆统小河里河组：出露在黑河市小河里河、查尔格拉河等地的砾岩、杂砂岩、板岩及粉砂岩夹碳质板岩组合。产丰富的植物化石，下部产海相腕足类化石。代表剖面为黑河市罕达气镇小河里河右岸剖面。

上泥盆统福兴屯组：仅见于延寿县福兴屯、马鞍山两地，由砂岩、板岩、砂砾岩等组成，含植物化石。代表剖面为延寿县寿山屯马鞍山剖面。含植物化石 *Taeniocrada decheniana - Protolepidodendron yanshouense* 组合。

上泥盆统七里卡山组：分布在密山市七里卡山一带，整合于老秃顶子组之上、北兴组之下的一套紫色、灰紫色凝灰质板岩、细砂—粉砂岩，夹英安质凝灰岩、流纹质凝灰熔岩。为海陆交互相陆源碎屑岩夹中酸性火山岩建造，含植物及藻类化石。代表剖面为密山市七里卡山剖面。

泥盆纪地层中生物群特征：泥盆纪生物繁盛，以底栖海生生物为主，特别是腕足类（图2-2），珊瑚普遍大量发育，三叶虫比较普遍，早泥盆世晚期—中泥盆世苔藓虫发育。浮生生物甚少，未见鱼类及无颌类。西部兴安岭地区，除大量地方性种属外，以兼有欧洲、北美和西伯利亚分子为特征；东部兴凯湖区，以兼有北美和中国华南区分子为特征。陆生植物也很发育，但仅发育在泥盆纪中晚期。

五、石炭纪—二叠纪地层

下石炭统红水泉组：指大兴安岭地区的早石炭世海相碎屑岩、灰岩，局部夹凝灰岩，未见顶底，产腕

1. *Neospirifer* sp. ;2. *Leptagonia daheliheensis* ;3. *Discomyorthis kinsuiensis* ;
4. *Protochonetes sinicus* ;5. *Khinganospirifer transversus*。

图 2-2 泥盆纪腕足类化石

足类等多门类化石,腕足类 *Rotaia – Torynifer* 组合。代表剖面为新林区翠岗乡一支线剖面。

下石炭统罕达气组:分布于小河里河、查尔格拉河等地。主要岩石组合为灰褐色砾岩、灰黑色凝灰砂岩、粉砂岩、板岩,产较丰富的植物化石。代表剖面为黑河市罕达气镇小河里河村剖面。

下石炭统查尔格拉河组:分布于小河里河、查尔格拉河等地。主要岩石组合:下部以黄褐色砾岩为主,中上部灰黑色粉砂泥质板岩与杂砂岩互层,含植物化石碎片。代表剖面为黑河市罕达气镇小河里河村剖面。

下石炭统洪湖吐河组:仅见于黑河市洪湖吐河一带,包括库纳尔河组。下部酸性凝灰岩、沉凝灰岩,上部酸性凝灰岩夹粉砂岩、板岩,含早石炭世杜内期腕足类化石,为 *Fusella – Syringothyris* 组合。代表剖面为黑河市爱辉区洪湖吐河南山剖面(PMX_{38})。

下石炭统北兴组:分布于密山市七里卡山、宝清县胜利村—兰花顶子等地,整合于七里卡山组之上,顶界不清,以英安质凝灰岩、凝灰质板岩、粉砂岩、细砂岩、安山岩为主,产腕足类化石,腕足类 *Hemiplethorhynchus – Pseudosyrinx* 组合。代表剖面为密山市七里卡山 C_4JP_{014M} 剖面。

上石炭统光庆组:分布于密山市七里卡山、珍子山、庙山等地。下部以杂砂岩为主,夹凝灰质板岩及凝灰岩,底部为砾岩;上部为凝灰质板岩与杂砂岩互层,产植物化石。底界不清,顶部与珍子山组呈整合接触。含晚石炭世安加拉植物化石。代表剖面为密山市庙山 C_4JP_{07M} 剖面。

上石炭统—下二叠统花朵山组:分布于黑河市三道沟、泥鳅河村及嫩江市关鸟河、八十里小河等地。为暗灰色英安岩及凝灰熔岩、凝灰砾岩、流纹岩及凝灰熔岩,下部夹凝灰质砂岩、泥质粉砂岩及安山质凝灰熔岩，含植物化石。代表剖面为嫩江市关鸟河中游北岸剖面（PMC$_{76}$）。

上石炭统—下二叠统大石寨组：黑龙江省内原称核桃山组、高家窝棚组、新林组、新生组，分布于嫩江、黑河、五大连池、龙江等地，为海相中—酸性火山岩夹沉积岩组合。在龙江一带为蚀变中—中酸性熔岩、火山碎屑岩夹大理岩、云母石英片岩，含腕足类化石；在嫩江、五大连池等地为片理化中酸性火山岩夹板岩，含腕足类化石。代表剖面为龙江县济沁河乡石灰窑剖面。

上石炭统—下二叠统唐家屯组：分布于五常市、阿城和宾县等地，以强片理化酸性、中酸性火山岩为主，夹少量中性火山岩及少量变质的正常沉积岩，含植物化石。代表剖面为阿城亚沟东山剖面。

上石炭统—下二叠统杨木岗组：广泛分布于黑龙江中部地区，以砂板岩为主，夹少量碎屑岩及熔岩组合，产丰富的安加拉型植物化石。代表剖面为尚志市杨木岗西山剖面。

上石炭统—下二叠统珍子山组：指分布于密山、宝清地区，整合于光庆组之上、二龙山组之下的正常沉积碎屑岩夹煤层和少量凝灰质板岩，以含安加拉植物群为主的一套陆相碎屑岩组合。植物化石：*Neuropteris - Angaridium - Zamiopteris* 组合。代表剖面为二龙山林场 C$_4$JP$_{06M}$ 剖面。

上石炭统—下二叠统平阳镇组：指主要分布于鸡东县平阳镇、东宁市双桥子等地，以千枚岩为主，偶夹变质砂岩、板岩、片岩及灰岩和大理岩透镜体的一套地层，属浅海相沉积，灰岩中产珊瑚化石。珊瑚：*Tachylasma - Calophyllum* 组合。代表剖面为鸡东县平阳镇石灰窑剖面。

上石炭统—下二叠统双桥子组：分布于东宁市双桥子及鸡东县大营山等地，整合于平阳镇组之上，由泥质岩、粉砂岩及砂岩夹多层中性、中酸性火山岩等组成，含早二叠世植物化石。代表剖面为东宁市二道沟双桥子组剖面。

上石炭统—下二叠统红叶桥组：分布在东宁市老黑山、白刀山、浪东沟一带，下部以长石石英砂岩、粉砂岩、板岩为主夹灰岩透镜体，局部灰岩透镜体呈厚层状，上部以片理化变质中性、中酸性火山岩为主，夹砂岩、板岩及灰岩透镜体，产䗴、珊瑚等化石。代表剖面为东宁市老黑山镇亮子川剖面。

下二叠统青龙屯组：指见于延寿县、尚志市等地区，以中、基性火山岩为主夹凝灰砂岩及凝灰质板岩的岩石组合。主要为安山玢岩、玄武安山岩、凝灰砂岩、凝灰板岩等，产植物化石。代表剖面为延寿县青龙屯南山剖面。

中二叠统塔源组：分布于大兴安岭地区的陆相或海陆交互相的碎屑岩组合，含安加拉型植物化石。代表剖面为新林区塔源西南二支线剖面。

中二叠统哲斯组：主要分布于龙江县和嫩江市，为一套富产䗴、珊瑚及腕足类化石的浅海相碳酸盐岩-碎屑岩组合，以灰岩、粉砂岩、千枚岩及板岩为主。产䗴类组合 *Monodiexo - Parafusulina* 带、珊瑚 *Tachylasma - Calophyllum* 组合、腕足类 *Spiriferella - Yakovlevia - Anidanthus* 组合。代表剖面为龙江县中和屯剖面。

中二叠统交界屯组：主要分布于阿城地区，以大理岩和板岩为主，尤以发育厚层大理岩为特征，还见有凝灰砂岩和含砾粗砂岩等，富含珊瑚、腕足类、苔藓虫化石等。代表剖面为阿城交界屯剖面。

中二叠统土门岭组：指广泛分布于小兴安岭东南部至张广才岭地区，以砂板岩为主，夹酸性凝灰岩及凝灰砂岩凸镜体，富产动、植物化石的一套地层。腕足类（图 2-3）可分为 *Spiriferella - Yakovlevia - Anidanthus* 组合和 *Muirwoodia - Anidanthus* 组合。代表剖面为五常市背阴河镇土门岭剖面。

中—上二叠统杨岗组：分布在密山市、虎林市等地的火山岩夹沉积岩组合，以酸性、中酸性火山岩为主，夹少量中、基性火山岩和正常沉积碎屑岩，碎屑岩中产植物化石。产植物化石 *Nephropsis elegans - Noeggerathiopsis derzavinni* 组合。代表剖面为虎林市杨岗后山剖面。

上二叠统林西组：分布于龙江县、嫩江塔溪地区、呼玛兴隆地区和德都县莲花山等地的一套湖相黑灰色为主色调的砂板岩组合，含双壳类 *Palaeonodonta - Palaeomutella* 组合、介形类化石及植物化石 *Comia - Callipteris - Iniopteris* 组合。代表剖面为龙江县济沁河乡老龙头剖面。

上二叠统红山组：指分布于伊春、铁力等地，主要由砾岩、砂岩和板岩组成的地层，产以 *Comia* 为代表的晚二叠世安加拉型植物化石。化石为 *Comia - Callipteris - Iniopteris* 组合。代表剖面为伊春市友

1. *Schellwienella regina*;2. *Cancrinella cancriniformis*;3. *Kiangsiella ectiniformis*;4. *Orthotetes trigonalis*;
5、6. *Leptodus nobilis*;7. *Chonetes schlagintweiti*;8. *Paraleptodus wuchangensis*;9、10. *Schuchertella shenshuensis*;
11. *Strophalosia wuchangensis*;12. *Stenoscisma purdoni*;13. *Fluctuaria hinganensis*;14. *Waagenites tumenlingensis*。

图 2-3　土门岭组腕足类化石

好区红山西北剖面。

上二叠统五道岭组：广泛分布于张广才岭、小兴安岭东南及北部地区，以中性火山岩为主，夹有中酸性火山岩及正常沉积岩薄层，沉积岩夹层中产植物化石。代表剖面为铁力市神树镇三角山 P_{13} 剖面。

上二叠统城山组：分布于宝清县和密山市等地，为一套夹火山岩的碎屑岩组合，主要为砂岩、粉砂岩、砾岩、板岩等，含煤层，产植物化石。代表剖面为密山市城山剖面。

下二叠统灰岩岩块：分布于宝清县大河镇东大沟，是混杂于完达山杂岩中的外来岩块，产早二叠世䗴类化石。

黑龙江省二叠纪生物群以植物化石的大量繁盛、䗴类的出现、四射珊瑚属种的增多为特征。腕足类以长身贝及石燕为主。早二叠世以海相生物为主，晚二叠世为海陆混生，绝大部分地区以陆生植物的大量繁盛结束二叠纪发展历史。黑龙江省大致可分为两部分：西部以冷水型生物为主混有暖水型，东部饶河—东宁一带以暖水型生物为主。

古生代黑龙江省处于天山-兴凯地槽的地质历史发展阶段，许多地层含有丰富的古生物化石，曾引起国内外地学界的广泛关注，这些化石具有重要的地学价值。

第三节 中生代地层

一、三叠纪地层

下三叠统老龙头组：分布于龙江县、逊克县、嫩江市、黑河市等地，在龙江县的龙兴镇、济沁河乡等地较发育，是以正常沉积碎屑岩为主，夹中酸性火山岩和紫色层的一套地层。主要岩性为砂岩、粉砂岩及板岩夹酸性凝灰熔岩等，产非海相双壳类化石（图2-4）。代表剖面为龙江县济沁河乡孙家坟东山剖面。

下三叠统楼家围子组：分布于阿城区小岭镇的楼家围子、张家围子等地，由灰紫色—紫红色、灰绿色砂岩、凝灰砂岩、粉砂岩和砾岩等组成，砾岩的砾石中含有腕足类及苔藓虫化石等。代表剖面为阿城区楼家围子剖面。

上三叠统冷山组：为陆相中酸性火山岩-碎屑岩建造，分布于海林市、尚志市、阿城区、铁力市、伊春市等地，含植物化石。代表剖面为尚志市冷山东剖面。

上三叠统南双鸭山组：分布于虎林市方正林场、宝清县大煤窑、密山市兴凯朝鲜族乡等地，由凝灰粉砂质板岩、凝灰质细砂岩、沉凝灰岩、凝灰质板岩、中细粒杂砂质长石砂岩、长石质杂砂岩等组成，夹数层流纹质凝灰岩，为海陆交互相含凝灰质碎屑岩建造，含晚三叠世海相双壳类及植物化石。代表剖面为虎林市方山林场后山剖面。

上三叠统凤山屯组：主要分布在伊春市大西林至小西林、铁力市柳树河、五常市碾子沟、阿城区小岭镇以及海林横道河子等地。以酸性熔岩、凝灰岩为主，夹少量沉积岩，含植物化石碎片，中上部夹少量安山岩。含晚三叠世—早侏罗世植物化石。代表剖面为伊春市十二林场二段剖面。

上三叠统罗圈站组：分布于东宁市罗圈站及鸡东县西大翁等地，位于南村组之上，以流纹质和英安质火山岩为主，夹少量沉凝灰岩、凝灰质砂岩和安山质火山岩，产丰富植物化石（图2-5）。含植物化石 *Cycadocarpidium - Taeniopteris* 组合。代表剖面为东宁市罗圈站北剖面。

图2-4 龙江县下三叠统老龙头组双壳类化石

图2-5 东宁市上三叠统罗圈站组苏铁果

上三叠统—上侏罗统完达山增生杂岩：跃进山蛇绿混杂岩组合，超镁铁质—镁铁质岩、基性火山岩、放射虫硅质岩组合，具洋中脊型蛇绿岩岩石地球化学特征。可见大岭桥组—永福桥组海沟-斜坡盆地浊积岩组合，大岭桥组硅质-砂泥质浊积岩夹基性火山岩、灰岩外来岩块组合，永福桥组砂泥质浊积岩组合,坨窑山洋岛型蛇绿混杂岩组合,超镁铁质—镁铁质堆晶岩、枕状玄武岩、放射虫硅质岩组合。放射虫分为 *Pseudostylosphaera - Triassocampe* 组合带、*Livarella - Canoptum* 组合带和 *Bipendis - Palaeosaturnalis* 组合带(图 2-6)。

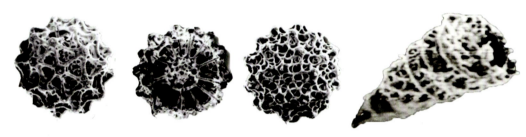

图 2-6 完达山增生杂岩放射虫化石

二、侏罗纪—白垩纪地层

下侏罗统太安屯组:分布于阿城市板子房,尚志市太安屯、永胜屯和铁力市神树镇等地,为一套陆相火山-沉积岩组合。下部以砂砾岩为主,夹酸性火山岩;上部以酸性熔岩为主,夹沉积岩,产植物化石。代表剖面为尚志市太安屯剖面。

下侏罗统神树镇组:以中酸性凝灰熔岩及其火山碎屑岩为主,夹流纹岩、安山质凝灰角砾岩及细砂岩、粉砂岩等。在粉砂质板岩中产动、植物化石。代表剖面为铁力市神树西山剖面。

下侏罗统大秃山组:分布在密山市兴凯朝鲜族乡北山及虎林市杨岗镇青年队一带,整合于南双鸭山组之上,以紫红色砾岩为主,夹杂色砾岩及不同粒级杂砂岩、粉砂岩及中酸性火山碎屑岩。粉砂岩中产植物化石。代表剖面为密山市兴凯镇北 P_{015} 剖面。

中侏罗统七林河组:碎屑岩-火山碎屑岩含煤沉积。典型发育地区为黑河市永胜屯,分布于黑河市、呼玛县、龙江县等地。下部以砂砾岩、凝灰砂砾岩为主,夹火山岩;上部为凝灰砂岩、砂岩夹薄煤层,含植物化石。代表剖面为黑河市罕达气镇永胜屯剖面。

中侏罗统万宝组:分布于龙江地区,为一套含煤碎屑沉积和火山碎屑岩,产植物化石。代表剖面为黑龙江省龙江县山泉林场白石屯 PM_{111} 剖面。

中—上侏罗统绥滨组:分布在集贤-绥滨盆地内,以深灰色—黑灰色粉砂岩及绿灰色细粉砂岩为主,在底部有少量灰色细砂岩,有大量各种形态的遗迹化石、双壳类、腹足类及大量沟鞭藻化石等。代表剖面为绥滨区四剖面 10 号钻孔(黄冠军,1992)。

上侏罗统东荣组:以深灰色—黑灰色粉砂岩为主,夹有少量灰色细粒砂岩。含大量海相生物化石。东荣组的化石非常丰富,其中双壳类最多,其他有菊石、沟鞭藻、箭石、孢粉等。代表剖面为绥滨区四剖面 10 号钻孔(黄冠军,1992)。绥滨地区的绥滨组和东荣组产丰富的双壳类化石,陈金华(1991)、黄冠军(1992)等以绥滨 86 - 11 钻孔、79 - 1 钻孔所采 *Buchia*,划分出 4 个双壳类化石带,分别为 *Buchia concentrica* 带、*Buchia tenuistriata* 带、*Buchia mosquensis - Buchia rugosa* 带和 *Buchia fischeriana* 带。祝幼华和何承全(2003)将绥滨组和东荣组沟鞭藻划分出 4 个组合带,分别为 *Pareodinia ceratophora - Nannoceratopsis pellucida* 组合带、*Gonyaulacysta jurassica* 组合带、*Amphorula delicata* 组合带、*Oligosphaeridium pulcherrimuma* 组合带。

上侏罗统—下白垩统绣峰组:分布于漠河盆地,为不整合于前中生代花岗岩之上的陆源粗碎屑沉积。下部以砾岩、砂砾岩为主,夹凸镜状砂岩;中上部为砾岩、含砾粗砂岩、砂泥岩互层,夹煤线,产动植物化石。含植物化石 *Coniopteris - Nilssonia* 亚组合。代表剖面为塔河县开库康乡开库康码头西黑龙江右岸堑崖剖面。

上侏罗统—下白垩统二十二站组：整合于绣峰组之上、漠河组之下的陆源细碎屑沉积。以灰黑色、灰绿色细砂岩、粉砂岩、粉砂质泥岩为主，局部夹含砾砂岩及砂砾岩，产淡水动物及植物化石。含植物化石 Coniopteris - Czekanowshia 亚组合，双壳类 Ferganoconcha - Margaritifera - Unio 组合带，介形虫 Eoparacypris - Rhinocypris - Mantelliana 组合带。代表剖面为塔河县开库康乡嫩漠公路二十二站后山剖面。

上侏罗统—下白垩统漠河组：分布于上黑龙江坳陷，位于绣峰组或二十二站组之上的碎屑岩组合。下部以砂岩为主，夹砾岩；上部为砂岩与粉砂质泥岩互层。产植物化石，夹薄煤层。代表剖面为漠河市乌苏里沿江剖面。

上侏罗统—下白垩统东安镇组：指分布在东安镇—下营一带的一套海相陆源细碎屑沉积。以灰黑色、黑绿色细砂岩、粉砂岩、粉砂质泥岩为主，产丰富的菊石、双壳类化石。含双壳类 Buchia russiensis - Buchia fischeriana 组合带（B_4带）、Buchia fischeriana - Buchia unschensis 组合带（B_5带）、Buchia volgensis - Buchia cf. okensis - buchia cf. subokensis - Buchia unschensis 组合带（B_6带）、Buchia pacifica 带（B_7带）。代表剖面为饶河县下营西山剖面。

下白垩统白音高老组：分布于大兴安岭主脊，为杂色酸性火山碎屑岩、酸性熔岩、酸性熔结凝灰岩夹中酸性火山碎屑岩、火山碎屑沉积岩、沉积岩及安山岩。含叶肢介化石。叶肢介化石为 Jibeilimnadia - Keratestheria 和 Nestoria pissovi 延限带。代表剖面为呼中林业局白卡鲁山林场东北 7km 博乌勒山剖面。

下白垩统王福店组：分布于大兴安岭地区，以沉积碎屑岩为主，局部发育酸性火山碎屑岩，可见叶肢介化石 Jibeilimnadia - Keratestheria 组合带、Nestoria pissovi 延限带。代表剖面为呼玛县余庆老沟剖面。

下白垩统龙江组：分布于大兴安岭东坡、小兴安岭西北坡，在邵家窝棚剖面平行不整合于七林河组之上、区域整合于光华组之下，以陆相中性火山岩为主，夹中酸性、酸性火山碎屑岩、熔岩、沉积岩等，并具火山沉积岩夹层，含动植物化石：叶肢介化石 Eosestheria 组合带，植物化石 Ruffordia - Onychiopsis 植物群早期组合。代表剖面为龙江县山泉镇光华大队 PM_{211} 剖面。锆石 U - Pb 年龄为 128.9 ± 1.3Ma。

下白垩统光华组：分布于大兴安岭地区、小兴安岭西北部的酸性火山岩夹沉积岩组合。主要为酸性凝灰岩、中性熔岩夹黏土岩、杂砂岩等，产叶肢介、介形虫、昆虫等热河生物群化石，叶肢介化石 Eosestheria 组合带。代表剖面为龙江县山泉镇光华大队 PM_{211} 剖面。中国地质调查局沈阳地质调查中心利用 LA - ICP - MS 测得大尖山流纹岩中锆石 U - Pb 年龄为 115.8 ± 1.2Ma。

下白垩统九峰山组：分布于嫩江市、孙吴县、黑河市、呼玛县、漠河市等地。下部以灰黑色泥岩、灰白色砂岩为主，夹凝灰砂岩、凝灰岩、玄武岩及薄煤层；上部以灰黑色泥岩、凝灰、粉砂质泥岩为主，夹凝灰岩、粉砂岩、玄武岩，含多层工业煤层，含孢粉及植物化石。产植物化石 Ruffordia - Onychiopsis 植物群早期组合。代表剖面为呼玛县椅子圈煤矿 ZK74 - 03 孔钻孔剖面。LA - ICP - MS 测得立志村东北九峰山组砂砾岩夹层中锆石 U - Pb 年龄为 120.9 ± 2.2Ma。

下白垩统西岗子组：建于黑河市西岗子，不整合于甘河组之上，被孙吴组不整合覆盖，主要由砂岩和砂砾岩组成，含工业煤层，为一套含煤碎屑沉积，产植物化石，分上、下两个岩性段。代表剖面为黑河市西岗子镇西岗子煤田第一走向剖面。

下白垩统登娄库组：在松辽盆地深部，由灰黑色、深灰色夹紫色为主的泥岩、砂岩、砾岩组成。盆地东南缘本组相变为河流相粗碎屑岩，以砂岩、含砾砂岩、砾岩为主，夹少量泥岩，产植物化石。代表剖面为安达市松基六井钻孔剖面。

下白垩统宁远村组：分布于宾县、尚志市、阿城区等地的一套陆相酸性火山岩。以灰紫色酸性熔岩、凝灰熔岩、凝灰岩为主，夹珍珠岩及沉积岩。本组玻屑凝灰岩中产植物化石。代表剖面为宾县中心屯剖面。

下白垩统建兴组：分布于绥棱县、逊克县、巴彦县、木兰县等地。由砂砾岩、砂岩夹粉砂岩、泥岩及煤层等组成的一套含煤碎屑沉积，粉砂岩中含植物化石。产植物化石 *Ruffordia - Onychiopsis* 植物群早期组合。代表剖面为绥棱县建兴宝山区第三勘探线 CK17 号钻孔剖面。

下白垩统淘淇河组：指小兴安岭—张广才岭地区，美丰组之上的陆相碎屑岩建造。分两个岩性段：下段以巨砾岩、砾岩、砂砾岩为主夹砂岩；上段以砂岩为主夹砾岩及砂砾岩。产植物化石，局部夹泥岩及煤线。在伊春市永青和英雄岭农场一带为中性火山碎屑岩和正常沉积岩组合，主要为灰褐色安山质凝灰岩、沉凝灰岩及凝灰质砂岩、泥岩，夹火山角砾岩，产孢粉及植物化石。代表剖面为宾县公正屯剖面。

下白垩统东宁组：分布于东宁—老黑山盆地，为粉砂岩、泥质岩等。东宁组下部以砾岩、含砾砂岩和粗砂岩等粗碎屑岩为主；上部以泥岩、粉砂岩等细碎屑岩为主，上部夹煤层及灰白色粗砂岩、中粗砂岩等。产植物化石和孢粉。代表剖面为东宁组下部东宁市石门子剖面。

下白垩统滴道组：分布于鸡西盆地、勃利盆地，平行不整合于城子河组之下，不整合于盆地基底之上的陆相火山-沉积含煤地层。下部以砾岩、砂岩为主；中部以中粗粒砂岩为主，夹薄层泥岩、粉砂岩、凝灰岩及煤层；上部为中性火山岩夹砂岩，产孢粉及植物化石。产植物化石 *Ruffordia - Onychiopsis* 植物群早期组合，沟鞭藻 *Vesperopsis didaoensis - Lagenorhytis granorugosa* 组合带。代表剖面为鸡西市滴道暖泉北山剖面。

下白垩统城子河组：分布在鸡西市、勃利县等地，为平行不整合于滴道组之上、整合于穆棱组之下的陆相含煤地层。以灰白色中细粒砂岩为主，夹粉砂岩、泥岩、凝灰岩及多层工业煤层。产丰富的植物化石（图 2-7）及双壳类化石：双壳类 *Ferganoconcha - Unio* 组合；植物化石 *Ruffordia - Onychiopsis* 植物群中期组合；沟鞭藻 *Odontochitina operculata - Muderongia tetracantha* 组合带、*Vesperopsis didaoensis - Lagenorhytis granorugosa* 组合带。代表剖面为鸡西市哈达乡杏花村鸡西煤田哈达立井详勘钻孔剖面（74-83 孔、74-33 孔、74-9 孔）。

下白垩统穆棱组：整合于城子河组之上、东山组之下的陆相含煤地层。以灰白色细砂岩、深灰色粉砂岩为主，夹灰黑色泥岩及多层灰绿色凝灰岩和工业煤层，下部以细砂岩、粉砂岩为主；中部以细砂岩与泥岩互层为主；上部以细砂岩、粉砂细砂岩、粉砂岩为主。产植物化石（图 2-8）*Ruffordia - Onychiopsis* 植物群中期组合，沟鞭藻 *Cribroperidinium? parorthoceras* 组合带（高峰带）。代表剖面为鸡西煤田平岗精查区十六剖面。

下白垩统裴德组：分布于裴德地区，杨岗组之上、七虎林河组之下的陆相含煤地层及火山岩层。下部以正常沉积碎屑岩为主，主要为砾岩、砂岩夹泥岩、粉砂岩、凝灰岩及薄层煤；上部以火山岩为主，主要为中性、中酸性火山角砾岩、凝灰岩夹砂岩。产植物化石 *Coniopteris - Phoenicopsis* 组合。代表剖面为密山市裴德镇东胜村后山煤田 108 队第九号探槽剖面。

下白垩统七虎林河组：分布于勃利盆地及虎林盆地。下部以粉砂岩为主夹细砂岩；上部以暗色泥岩或粉砂质泥岩为主夹砂岩，局部含凝灰质，主体为海陆交互相泥砂质沉积。产双壳类、菊石及植物化石：双壳类 *Mesosaccella morrisi - Entolium demissum* 组合带；菊石 *Arctocephalites* 组合；沟鞭藻 *Oligosphaeridium - Odontochitina operculata - Gardodinium trabeculatum - Palaeoperidinium cretaceum* 组合。代表剖面为虎林市七虎林河西岸山脊 P_{0111} 剖面。

下白垩统云山组：分布在虎林市一带，岩性较单一，为厚层状中、细粒岩屑长石砂岩夹薄板状粉砂岩，局部含薄煤层，生物化石产于上部，以双壳类最为丰富。产双壳类 *Mesosaccella morrisi - Entolium demissum* 组合带、*Isognomon (I.) isognomonoides - Camptonectes (C.) shuguangensis* 组合带、*Sinopsammobia - Arcomya* 组合、*Aucellina caucasica - Aucellina aptiensis* 组合、*Aucellina cf. caucasica - Aucellina cf. aptiensis* 组合，介形虫 *Protocythere ruidireticulata - Galliaecytheridea elegans - Mandelstamia truncate* 组合、

Scabriculocypris obtusispina – *Mandelstamia triangulata* 组合、*Cypridea* – *Scabriculocypris* – *Galliaecytheridea* 组合，植物化石 *Ruffordia* – *Onychiopsis* 植物群早期组合，沟鞭藻 *Odontochitina operculata* – *Vesperopsis didaoensis* 组合。代表剖面为虎林市七虎林河西岸山脊 P_{0111} 剖面。

1. *Onychiopsis elongata*；2. *Ginkgo* sp.；3. *Pityostrobus* sp.；4. *Ginkgo digitata*；
5. *Acanthoptens onychioides*；6. *Ginkgo* sp.；7. *Gleichenites takoeyama*。

图 2-7　城子河组植物化石

1. *Acanthopteris gothani*; 2. *Podozamites* sp.; 3. *Coniopteris* sp.;
4. *Coniopteris burejensis*; 5. *Nilssoniopteris prynadae*。

图 2-8 穆棱组植物化石

下白垩统东山组：分布于鹤岗市、鸡西市等地，为整合于穆棱组之上、平行不整合于猴石沟组之下的中性火山岩夹沉积岩组合。以灰绿色、灰紫色、灰黄色安山质集块岩、火山角砾岩、熔岩为主，夹凝灰岩、凝灰砂岩和正常沉积岩。产鱼、双壳类及植物化石，其中植物化石为 *Neozamites* 植物组合（*Ruffordia - Onychiopsis* 植物群晚期组合）。代表剖面为鹤岗市安民沟-东山剖面。

下白垩统猴石沟组：分布于黑龙江省东部地区，为平行不整合于穆棱组之上，以粗碎屑岩为主，夹砂泥质和凝灰质岩石组成的地层。分下部砾岩段和上部砂岩段。产双壳类、介形虫及孢粉、植物化石，其中双壳类为 *Trigonioides*(*Wakinoa*) *yunnanensis* - *Plicatounio*(*P.*) cf. *multiplicatus* - *Nippononaia*? *jilinensis* 组合（简称 T-P-N 组合），植物化石为牡丹江型植物组合（*Platanus* 型植物群）。代表剖面为穆棱市奇景村 PM_{019} 剖面。

上白垩统松木河组：分布于黑龙江省东部地区，为平行不整合于穆棱组之上，以粗碎屑岩为主，夹砂泥质和凝灰质岩石组成的地层。分下部砾岩段和上部砂岩段。产双壳类、介形虫及孢粉、植物化石。代表剖面为穆棱市奇景村 PM_{019} 剖面。

下白垩统大架山组：分布于虎林市大架山—云山一带的海相陆源碎屑岩组合。主要由灰白色硅质砾岩和灰黑色砂岩、板岩组成。产双壳类、菊石、腕足类、腹足类等多门类海相动物化石。双壳类分为 *Otapiria* 顶峰带和 *Propeamussium olenekense* - *Lima* cf. *parva* - *Nuculana*(*Jupiteria*) *acuminata*（P-L-N）组合带。代表剖面为虎林市大架山西剖面。

下白垩统珍宝岛组：陆相含煤碎屑岩组合。主要由砾岩、砂岩、粉砂岩、粉砂质泥岩夹煤线等组成。产植物化石。代表剖面为四平山南西 1200m 钻孔（ZK9210）。

上白垩统泉头组：不整合于阜新组及其他较老地层之上，以紫色页岩、粉砂岩为主，夹紫色、黄色、灰绿色、灰色等杂色砂岩、含砾砂岩、砾岩及砂质灰岩等。岩石颜色以红色为主，为地层划分对比标志之一。层内化石较多，有介形类、双壳类、植物化石等，其中叶肢介为 *Orthestheriopsis songliaoensis* 化石带，介形类为 *Mongolocypris limpida* - *Paracandona planiuscula* 组合、*Cypridea elliptica* - *Cypridea deformata* 组合、*Cypridea subtuberculisperga* - *Cypridea vetusta* 组合，轮藻为 *Amblyochara quantouensis* 亚带，微体浮游植物为 *Nyktericysta* - *Operculodinium* 组合带，双壳类为 *Trigonioides*(*Wakinoa*) *yunnanensis* - *Plicatounio*(*P.*) cf. *multiplicatus* - *Nippononaia*? *jilinensis* 组合（简称 T-P-N 组合）。代表剖面为富裕县乌一井钻孔剖面。

上白垩统青山口组：整合于泉头组之上、姚家组之下，以灰色、青灰色、灰黑色、黑色泥岩、页岩为主，夹数层油页岩。其上、下界线均以紫色泥岩出现或消失分界。在黑龙江省以厚层暗色泥岩为顶、底，与上、下地层分界。本组为松辽盆地第一次生物繁盛期，产有介形虫、叶肢介、双壳类、鱼、蜥、沟鞭藻、孢粉、轮藻等化石，其中叶肢介为 *Orthestheriopsis songliaoensis* 化石带、*Dictyestheria* - *Curvestheriopsis*? *sanchaheensis* 化石带，介形虫为 *Triangulicypris torsuosus* - *Triangulicypris torsuosus* var. *nota* 组合、*Cypridea dekhoinensis* - *Limnocypridea copiosa* 组合、*Limnocypridea inflata* - *Sunliavia tumida* 组合、*Cypridea panda* - *Triangulicypris fusiformis* 组合，轮藻为 *Aclistochara songliaoensis* 亚带，微体浮游植物为 *Kiokansium* - *Dinogymniopsis* 组合带、*Granodiscus* - *Filisphaeridium* 组合带，双壳类为 *Trigonioides*(*Wakinoa*) *yunnanensis* - *Plicatounio*(*P.*) cf. *multiplicatus* - *Nippononaia*? *jilinensis* 组合（简称 T-P-N 组合）。代表剖面为安达市葡一井钻孔剖面。

上白垩统姚家组：整合于青山口组之上、嫩江组之下的一套湖相沉积碎屑岩。主要以棕红色、砖红色、褐红色泥岩与灰绿色泥岩、粉砂岩互层为特点。产介形虫、叶肢介、双壳类、鱼及孢粉等化石，其中叶肢介为 *Liolimnadia honggangziensi* 化石带，介形虫为 *Cypridea exornata* - *Lycopterocypris retractilis* 组合、*Cypridea dorsoangula* - *Ziziphocypris concta* - *Triangulicypris obinflatus* 组合，轮藻为 *Aclistochara songliaoensis* 亚带，微体浮游植物为 *Pediastrum* - *Granodiscus* 组合带、*Dinogymniopsis daqingen-*

sis 组合带，双壳类为 *Plicatounio*(*Kwanmonica*?)*heilongjiangensis* - *Pseudohyria* cf. *gobiensis* 组合。代表剖面为安达市萨 195 井钻孔剖面。

上白垩统嫩江组：整合于姚家组之上、四方台组之下的细碎屑岩组合。以灰黑色泥岩为主，夹灰白色、灰绿色细砂岩、粉砂岩。下部夹油页岩，上部出现红色泥岩。产丰富的介形虫、叶肢介及鱼、双壳类、腹足类、轮藻等化石，其中叶肢介为 *Plectestheria arguta* 化石带、*Halysestheria qinggangensis* 化石带、*Estherites mitsuishii* 化石带、*Calestherites sertus* 化石带和 *Mesolimnadiopsis anguangensis* - *Mesolimnadiopsis altilis* 化石带，介形虫为 *Cypridea squalida* - *Cypridea anonyma* - *Cypridea spiniferusa* 组合、*Cypridea gunsulinensis* - *Cypridea ardua* 组合、*Ilyocyprimorpha netchaevae* - *Periaconthella portentosa* - *Cypridea ordinata* 组合、*Cypridea spongvosa* - *Strumosia salebrosa* - *Strumosia inandita* 组合、*Chinocypridea augusta* - *Harbinia hapla* 组合，轮藻为 *Songliaochara heilongjiangensi* - *Charites cretacea* 组合，微体浮游植物为 *Cleistosphaeridium* - *Dinogymniopsis minor* 组合带，双壳类为 *Plicatounio*(*Kwanmonica*?)*heilongjiangensis* - *Pseudohyria* cf. *gobiensis* 组合。代表剖面为肇州县光荣乡郑德福屯北 25 孔钻孔剖面。

上白垩统四方台组：整合于嫩江组之上、明水组之下，以红色调为主的砂泥质岩石组合。主要为褐红色、灰绿色泥岩，粉砂岩，砂岩，含钙质结核，产介形虫、叶肢介、腹足类、双壳类等化石，其中介形虫为 *Talicypridea amoena* - *Paracandona qiananensis* 组合，轮藻为 *Atopocharaulanensis*、*Hornichara anguangensis* 亚带，微体浮游植物为 *Pediastrum* - *Aquadulcum* 组合带。代表剖面为杜尔伯特蒙古族自治县库 3 孔钻孔剖面。

上白垩统明水组：整合于四方台组之上的杂色砂泥岩组合，分两段：下段由灰绿色砂岩、砂质泥岩与灰黑色泥岩组成两旋回；上段为灰色、灰白色砂岩与杂色泥岩互层，夹钙质砂砾岩。产介形虫、双壳类及孢粉等化石，其中叶肢介为 *Daxingestheria distincta* 化石带，介形虫为 *Cypridea vasta* - *Talicypridea turgida* - *Cyclocypris valida* 组合，轮藻为 *Atopocharaulanensis* 带、*Latochara longiformis* 亚带、*Hornichara prolixa* 亚带，微体浮游植物为 *Tetanguladinium* 组合带，双壳类为 *Pseudohyria oblique* - *Margaritibera antique* 组合。代表剖面为杜尔伯特蒙古族自治县库 3 孔钻孔剖面。

上白垩统永安村组：分布于嘉荫盆地的滨湖-浅湖相细碎屑沉积，以灰绿色、黄灰色细砂岩、粉砂岩、泥岩为主，局部夹泥灰岩、石膏及褐煤。产介形虫、植物、孢粉及脊椎动物化石，其中植物化石为 *Parataxodium* - *Quereuxia* 组合。代表剖面为嘉荫县朝阳镇永安村西北黑龙江岸 PM_{010} 剖面。

上白垩统太平林场组：分布于嘉荫盆地的浅湖相细碎屑沉积，由泥岩、粉砂岩、细砂岩组成，产植物、叶肢介、介形虫等化石，其中植物化石为 *Trochodendroides* - "*Pistia*" - *Arthollia* 组合。代表剖面为嘉荫县太平林场北黑龙江岸 PM_{011} 剖面。

上白垩统渔亮子组：为嘉荫盆地富产脊椎动物化石的砂砾岩组合，主要为灰绿色、灰色砂砾岩、含砾砂岩、粗—粉砂岩组成的地层序列，产丰富的恐龙化石。代表剖面为嘉荫县渔亮子村北黑龙江岸剖面。

上白垩统富饶组：分布在嘉荫地区，位于渔亮子组之上、孙吴组之下的含煤细碎屑沉积（浅湖相），由深灰色、黑色泥岩、粉砂质泥岩、碳质泥岩、粉砂岩夹薄层褐煤及沉凝灰岩组成，含植物化石和马斯特里赫特期孢粉组合。代表剖面为嘉荫县乌云镇富饶公社小河沿南山 PM_{017} 剖面。

上白垩统海浪组：黑龙江省东部的一套杂色砂泥质岩石组合。下部为紫色岩段，以砾岩、含砾砂岩和长石砂岩为主，夹粉砂岩、泥岩；上部为杂色岩段，以长石砂岩、粉砂岩、泥岩为主，夹含砾砂岩。产孢粉及叶肢介化石。代表剖面为宁安县三道亮子-哈达湾南山 PM_{032} 剖面。

第四节 新生代地层

一、古近纪地层

古新统乌云组：分布于嘉荫县（乌云）煤矿及五大连池幸福林场等地的一套含煤地层。主要由灰色、灰白色砂质砾岩、含砾砂岩、粗砂岩、细砂岩、粉砂岩及灰黑色碳质页岩、浅褐色砂质页岩（泥岩）组成，上部夹多层褐煤。产丰富的孢粉及植物化石 *Viburnum lakesii - Castanea tangyuanensis* 组合，藻类化石 *Leiosphaeridia - Pediastrum - Pseudokomevuia* 组合。代表剖面为乌云煤矿的 59-1 号钻孔剖面。

始新统—渐新统依安组：分布于依安县、林甸县等地，顶界不清，不整合于晚白垩世明水组之上。主要由泥岩、砂岩及黑色碳质页岩夹褐煤层等组成，部分泥岩中含钙质结核。产孢粉及大量淡水动物化石。代表剖面为依安县 59-4 号钻孔剖面。

始新统—渐新统宝泉岭组：分布于萝北县宝泉岭农场、富锦县大兴农场、依兰县达连河等地。主要为灰色、灰绿色或灰白色砂砾岩、砂岩、粉砂岩、灰绿色或深灰色泥岩，夹多层黑褐色褐煤及油页岩。产孢粉及植物化石。代表剖面为萝北县宝泉岭农场二分厂 59-2 号钻孔剖面。

始新统—渐新统虎林组：分布于密山-敦化断陷带虎林市、鸡东县、牡丹江市等盆地，不整合于前新生代基底之上，平行不整合于富锦组之下。主要由灰白色、灰绿色含砾砂岩、砂岩、泥岩、黏土岩、凝灰质砂页岩、凝灰岩夹灰黑色、灰褐色玄武岩及褐煤、油页岩等组成，产植物化石。代表剖面为虎林市湖北—大青山普查勘探区 60-3 号钻孔剖面。

始新统—渐新统达连河组：分布于大青山-太平岭西部的依-舒地堑，沿延寿-方正-依兰呈北东向展布，主要为砂砾岩、砂岩、泥岩组合，含褐煤及油页岩。产植物化石（图 2-9），藻类化石 *Granodiscus - Comasphaeridium - Dictyotidium* 组合，介形虫 *Huabeinia - Tuozhuangia* 组合、*Candona - Virgatocyptis* 组合。代表剖面为方正县会发方参 1 井钻孔剖面。

二、新近纪地层

中新统桦南组：本组是以湖相及湖沼相为主的细碎屑含煤建造。由中—细砂岩、泥岩级砂砾岩和煤组成，属砂泥质弱胶结、低成岩的松散岩石，泥岩中富含植物化石。

中—上新统富锦组：分布在尚志-依兰、宁安-密山及三江断（坳）陷盆地中，主要由黄褐色、灰色、灰绿色细砂岩、粉砂岩、泥岩及砂砾岩等组成，夹硅化木，产较丰富的孢粉及动、植物化石。代表剖面为富锦市二龙山镇 ZK16 钻孔剖面。

中—上新统大安组：分布于松嫩平原，由砾岩、含砾砂岩、砂岩、泥岩等组成，下粗上细，韵律明显。产介形虫和硅藻化石。代表剖面为大庆市大同镇同 11 井钻孔剖面。

1. *Populus* sp.；2. *Nelumbo protospeciosa*；3. Leguminosae；4. *Betula* sp.；5. *Quercus* sp.。

图 2-9　达连河组植物化石

三、第四纪地层

下—中更新统下荒山组：分布于松嫩平原东部高平原中，在河谷深切陡坎处有不同程度的出露。为黄绿色、灰绿色、米黄色、灰黄色、灰白色亚黏土，淤泥质亚黏土、亚砂土，中细砂，中粗砂，含砾中细砂，砂砾石层。灰褐色淤泥质亚黏土夹层中含梅氏犀、水牛等第四纪哺乳动物化石。代表剖面为荒山东风砖厂层型剖面。

中—上更新统哈尔滨组：分布在松嫩平原东部高平原西缘，大体沿安达—哈尔滨—双城—拉林一带分布。高程 280～150m，构成山前台地及松花江平原区段的河谷二级阶地。岩性：底部呈淡黄色、褐黄色、土黄色，主要为亚黏土，顶部为黄土状亚砂土、亚黏土，含铁锰及钙质结核，局部具铁染条带。黄土状粉质黏土中见有动物骨骼残块（中小型哺乳类动物肢骨）。代表剖面为荒山东风砖厂层型剖面。

上更新统顾乡屯组：分布于松嫩平原东部、小兴安岭和大青山—太平岭之间的河谷中。明显分上、下两个部分：下部为粗碎屑砂、砂砾石；上部为粉质黏土。厚度 10～25m，部分地段在 30m 以上。区内及邻近区外本组中产丰富的古生物化石。代表剖面为哈尔滨市顾乡屯砖厂院内的 80-18 钻孔与实测陡坎综合剖面。顾乡屯房地局剖面 ^{14}C 测年值自上而下分别为 30 200±87 年、33 660±3270 年。

上更新统雅鲁河组：分布在黑龙江及其支流各大河谷一级阶地中及大兴安岭东麓山前扇形平原

上。为土黄色、黄色砂砾石。在龙江县砖瓦厂采土坑剖面的泥石流中采得披毛犀、原始牛、普氏野马化石。

上更新统大兴屯组：分布于整个松嫩平原西部低平原，大部分出露地表，主要由亚黏土、亚砂土、粉细砂组成。产东北野牛等哺乳动物化石。代表剖面为齐齐哈市大兴屯剖面。

第三章　黑龙江省九大生物群

黑龙江省是我国和世界古生物化石宝库之一,化石分布广泛,类群丰富,通过对地史生命演化和地质地理分布特色进行梳理,我们将黑龙江古生物化石分为九大生物群(图3-1):

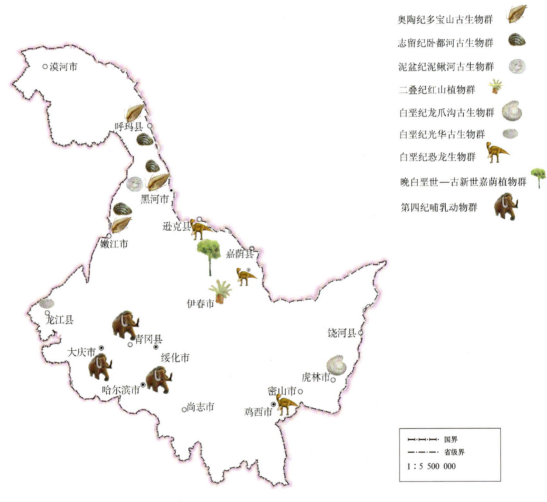

图3-1　黑龙江省九大生物群分布示意图
注:大兴安岭地区行政公署驻内蒙古自治区加格达奇。

距今4.85—4.43亿年的奥陶纪多宝山古生物群;
距今4.43—4.19亿年的志留纪卧都河古生物群;
距今4.19—3.58亿年的泥盆纪泥鳅河古生物群;

距今 2.59—2.51 亿年的二叠纪红山植物群；

距今 1.39—1.25 亿年的白垩纪龙爪沟古生物群；

距今 1.32—1.29 亿年的白垩纪光华古生物群；

距今 113—72.1Ma 的白垩纪恐龙生物群；

距今 72.1—56Ma 的晚白垩世—古新世嘉荫植物群；

距今 26—1 万年的第四纪哺乳动物群。

这九大生物群中，白垩纪恐龙生物群、晚白垩世—古新世嘉荫植物群和第四纪哺乳动物群是黑龙江省的亮点。

第一节 奥陶纪多宝山古生物群

奥陶纪是古生代的第二个纪，距今 4.85—4.43 亿年。这时期形成的地层叫奥陶系。

奥陶系在我国发育较好，主要为海相地层。所见生物化石主要是笔石类和鹦鹉螺类。笔石种类繁多，三叶虫、腕足类繁盛，与之共生的有海林檎、珊瑚和苔藓虫，也有其时代的代表性，还出现了早期的脊椎动物——无颌类；植物界还是以海生藻类为主，这些古生物大多数在全球都很繁盛。

黑龙江省目前对奥陶纪古生物研究比较详尽，以腕足类、三叶虫、笔石类化石出露最具代表性；其次为头足类、腹足类、软体动物、苔藓虫、珊瑚、海林檎、海绵动物、棘皮动物、介形虫等，而前颊类三叶虫在本省繁盛；腕足类的铰纲类化石在本省也大量出现。

腕足类是本生物群的主要门类，有 100 个属，近 150 个种。苏养正（1975）对有关腕足类进行研究；朱慈英（1982）对其中 83 个属、124 个种划分了 8 个化石组合，时序为特马道克期—阿什极期（大致相当于特马道克期—赫南特期），指明早期化石组合以显示北美型特点为主，晚期显示欧洲特点，地方属种非常发育，特别是在晚期地层中（图 3-2）。

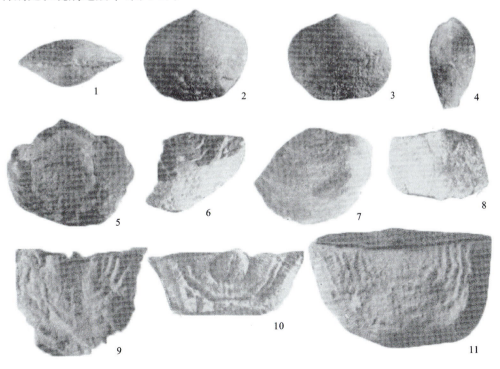

1～4. *Punctolira posterior*；5～8. *Bimuria? apsaclinate*；9～11. *Leptaena nenjiangensis*。

图 3-2 奥陶纪腕足类化石

三叶虫是奥陶纪地层划分对比的重要依据之一。在本区三叶虫地理分布广，延续时间长，种类众多，正是从寒武纪后颊类占有统治地位时期转向奥陶纪前颊类优势时期。三叶虫可划分出 7 个组合带，分别是 Anacheiruraspis - Zoraspis 组合带、Pliomerops - Parasphaerexochus 组合带、Pliomerellus - Metopolichas 组合带、Trinodus - Eudolatites 组合带、Remopleurides - Ceraurinella 组合带、Encrinuroides - Humaencrinuroides 组合带、Phillipsinella - Whittingtonia 组合带。

笔石是已经绝灭的群体海生动物，因压扁的笔石化石像描绘在岩石上的象形文字而得名。黑龙江省中笔石仅见于多宝山、罕达气一带，时代为早奥陶世中期—晚奥陶世，划分 5 个组合带，分别是 Didymograptus cf. nanus 组合带、Phyllograptus anna 组合带、Dicellograptus sextans - Climacograptus putillus 组合带、Dictyonema - Dendrograptus 组合带、Orthograptus cf. truncatus 组合带。

奥陶纪多宝山古生物群主要分布在呼玛县、嫩江市和黑河市，少部分分布在尚志市的小金沟一带。本书按化石出露范围划分了黄斑脊山、多宝山、五隆屯 3 个地区，又根据腕足类、三叶虫、笔石在不同地区出露情况划分了多个化石组合带。

一、黄斑脊山地区

1. 腕足类

腕足类划分 1 个组合带：Finkelnburgia bellatula - humaella huangbanjiensis 组合带。

组合带产于黄斑脊山组，以 Finkelnburgia 空前发育为特点，约占本组合的 70%，Humaella huangbanjiensis 次之，还有个别 Diparelasma 先驱分子出现。化石数量丰富，但属种单调。

2. 三叶虫

三叶虫划分 1 个组合带：Anacheiruraspis - Zoraspis 组合带。

组合带由南润善（1985）建立，产于黄斑脊山组。化石有以下类型：Geragnostus longus, Apatokephalus debilis、Zoraspis lobata、Zoraspis angustilkgna、Niobella sp.、Megalaspidella? sp.、Megistaspis? sp.、Dikelokephalina angularis、Ceratopyge sp.、Harpides sp.、Orometopus sp.、Apatokephalus、Anacheiruraspis lineala、Anacheiruraspis dilatata、Anacheiruraspis decustata。

上述组合中的 Ceratopyge、Apatokephalus 不仅是北欧下奥陶统特马道克阶上部的重要带化石，也是其他地区相当层位的重要化石。在中国也有出现，如祁连区甘肃玉门的下奥陶统阴沟群下部中。Ceratopyge 在江西北部武宁的早奥陶世地层中均有出现。Apatokephalus 在华北区的下奥陶统治里组和扬子区、贵州三都的早奥陶世地层中均有出现；还在苏联东北部早奥陶世地层下部出现。其他属如 Geragnostus、Harpides、Dikelokephalina、Harpides 也为特马道克阶上部层位的常见分子。

分析表明，Ceratopyge、Apatokephalus 层位稳定，地理分布很广，时限短，所产三叶虫与北欧化石面貌基本相同。因此黄斑脊山组地层时代应为特马道克期晚期。

黄斑脊山组中 Zoraspis lobata 和 Apatokephalus 在数量上占优势，而 Ceratopyge 很少。

二、多宝山地区

1. 腕足类

多宝山地区腕足类（图 3-3、图 3-4）划分 4 个组合带。

1) *Productorthis americana* 组合带

组合带产于铜山组中,朱慈英(1992)根据 *Productorthis americana* 种的数量较多,并具时代意义,建立本组合带,时代大致相当于弗洛期。当时生物生态环境稳定,腕足类发展迅速,属种数量多,分异度大。*Finkelnburgia* 绝迹,*Orthis*、*Productorthis*、*Diparelasma*、*Platystrophia* 等为主体代表,其次是 *Paurirthis*、*Porambonites*、*Fistulognites* 等大量出现。

图3-3 多宝山地区典型化石产地

1~5. *Dolerorthis nenjiangensis*;6~9. *Hesperorthis sinica*;10. *Glyptorthis bellarugosa*。

图3-4 多宝山地区腕足类化石

2) *Diparelasma dongbeiensis* 组合带

朱慈英(1986)建立本组合带,产于铜山组中,时代大致相当于弗洛期—大坪早期。该期环境更稳定,腕足类仍持续发展。其特征为数量多,分异度大,除有铰纲外,无铰纲也大量出现。其中 *Diparelasma* 属在本组的数量有明显增多,成为重要分子。

本组合带以 *Diparelasma*、*Productorthis*、*Platystrophia*、*Orthambonites*、*Paurorthis*、*Porambonites*、*Petroria* 为主体,并以 *Diparelasma* 数量最丰富,它是北美奥陶纪 *Pseudocybele nasuta* 带的重要分子。

3) *Famatinorthis luohoensis - Brandysia biconvexa* 组合

组合带产于铜山组中,时代大致相当于大坪早期。本组合腕足类的出现数量与火山活动的远近有关,近者少,远者多。其特点是以 *Famatinorthis*、*Brandysia*、*Dolerorthis* 为主体;*Paurorthis* 仍有出现,但数量略有减少,*Christiania* 少量出现;而 *Diparelasma*、*Productorthis*、*Porambonites*、*Ingria* 属种绝迹。

4) *Leptellina sinica - Titambonites incertus* 组合

陈德森等(1986)报道了多宝山腕足类。生物组合是朱慈英(1986)建立,产于多宝山组中。时代大致相当于达瑞威尔期。该组合分布在嫩江—多宝山一带。

生物特征:属种减少,以正形贝类为主体,有 *Orthambonites* sp.、*Platystrophia* sp.、*Titambonites* cf. *incertus*、*Leptellina sinica*、*Glyptomena* sp.、*Harknessella* sp.、*Horderleyella* sp.、*Drepanorhyn*-

cha? sp.、*Hesperorthis* sp.。其中 *Leptellina sinica*、*Titambonites*、*Glyptomena* 主要见于北美阿巴拉契亚山脉中奥陶世地层中。*Horderleyella*、*Platystrophia* 在英国希罗普郡的哥斯通组出现。*Drepanorhyncha* 见于北美、欧洲中奥陶世地层中,生物群属北半球分子。

2. 三叶虫

多宝山地区三叶虫划分 6 个组合带。

1) *Pliomerops - Parasphaerexochus* 组合带

本组合带产于铜山组下部,分布于嫩江市裸河西岸。主要分子有 *Pseudosphaerexochus sinensis*、*Ischyrophyma nenjiangensis*、*Parasphaerexochus confragous*、*Leiostegiidae*、*Pliomerops* sp.、*Sphaerexochus*? sp. 等。

郭鸿俊和赵达(1982)建立的 *Pseudosphaerexochus* 组合与上述组合带中的三叶虫组合大致相当。时代为弗洛期。

2) *Pliomerellus - Metopolichas* 组合带

本组合带分布于嫩江市裸河西岸 P 剖面第 6 层,产于铜山组中。主要分子有 *Geragnostus* sp.、*Carrikia xinganensis*、*Panderia* sp.、*Dimeropyge histrix*、*Quinquecosta*、*Parasphaerxochus conicus*、*Encrinuroides* sp.、*Pliomerellus nenjiangensis*、*Ischyrophyma tumida* 等。

郭鸿俊和赵达(1982)建立的 *Pliomerellus - Metopolichas* 组合,基本相当于上述组合带,时代为弗洛期—大坪早期。

3) *Trinodus - Eudolatites* 组合带

郭鸿俊和赵达(1982)建立的组合带,产于铜山组上部,有 *Trinodus* sp.、*Eudolatites* cf. *angelini*、*Remopleurides* sp.、*Encrinuroides* cf. *sexcostatus*,其时代为大坪早—中期。组合中的 *Trinodus* 和 *Remopleurides* 仅见于铜山组。

4) *Remopleurides - Ceraurinella* 组合带

郭鸿俊和赵达(1982)建立的组合带(图 3-5),产于铜山组中,时代为卡拉道克期早期。组合见 *Remopleurides*、*Ceraurinella* aff. *chondra*、*Dysplanus* sp.、*Amphilichas* sp.、*Illaenus americanus*。

1、2. *Remopleurides nenjiangensis*;3. *Remopleurides latifrons*;4. *Lonchodomas curtus*;
5. *Pompeckia wegelini*;6. *Amphilichas bullatus*。

图 3-5 三叶虫化石

Dysplanus sp. 分布在欧、亚阿伦尼格期—卡拉道克期地层。*Ceraurinella* aff. *chondra* 产在美国兰代洛期地层。*Illaenus americanus* 见于加拿大卡拉道克期地层,其时代与共生的腕足类同为早—中奥陶世。

5) *Encrinuroides - Humaendcrinuroides* 组合带

本组合带由南润善(1985)建立,产于裸河组中,时代为桑比期—凯迪期。其中 *Amphilichas*、*Calyptaulax*、*Ceraurinella*、*Dimeropyge*、*Homotelus*、*Remopleurides*、*Sphaerexochus*、*Isotelus*、*Stenopareia* 等产于苏格兰格尔文区的早—中奥陶世地层;*Stenopareia avus* 是斯堪的纳维亚早—中奥陶世地层的分子;*Isotelus gigas* 见于欧、亚、北美早—中奥陶世地层中。

6) *Phillipsinella - Whittingtonia* 组合带

郭鸿俊和赵达(1982)建立的组合带,产于裸河组中。三叶虫经南润善(1966)鉴定:*Sphaererochus*、*Calliops*、*Encrinuroides*、*Illaenidae* 时代是晚奥陶世;苏养正(1980)研究认为,本组合带有 *Sphaerexochus luoheensis*、*Calliops taimyricus*,时代为晚奥陶世;郭鸿俊等(1997)研究认为,本组合带中有 *Platylichas laxatus*,时代在英国为卡拉道克期。

Phillipsinella parabola 产在波西米亚卡拉道克期和瑞典的阿什极尔期地层中;*Lonchodomas pennatus* 见于英国的卡拉道克期地层;*Cefraurinella glaber* 产在瑞典的卡拉道克晚期地层中;*Whittingtonia bispinosa* 在爱尔兰阿什极尔期地层中也有出现;*Sphaerexochus luoheensis* 是本地种(图 3-6)。以上多数分子是卡拉道克期—阿什极尔期的,部分是卡拉道克期的,时代定为卡拉道克期。

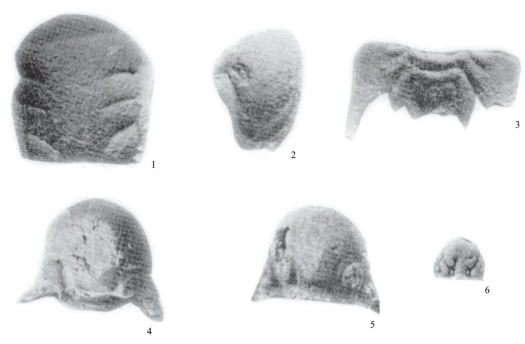

1~3. *Ceraurinella nenjiangensis*;4、5. *Sphaerexochus luoheensis*;6. *Calliops taimyricus*。

图 3-6 三叶虫化石

3. 笔石

笔石划分 5 个组合带。

1) *Didymograptus* cf. *nanus* 组合带

由南润善和朱慈英(1990)建立,产于铜山组中。郭鸿俊和赵达(1982)报道本组合有 *Didymograptus*

cf. *nanus*、*Dictyonema* sp.、*Dendrograptus* sp.、*Callograptus* sp.、*Desmograptus* sp. 等，薛春汀（1985）鉴定了 *Didymograptus* cf. *nanus*、*Glossograptus* sp.、*Dendrograptus* sp.、*Dictyonema* sp.、*Orthograptus* sp.、*Pseudoclimacograptus* sp.。

组合带分布在嫩江市裸河西岸剖面（P_{506}），*Didymograptus nanus* 见于英国、美国阿伦尼格晚期地层及中国云南金平大理区、保山区和湘赣区早奥陶世地层，时代为阿伦尼格期—兰维恩期。*Dendrograptus* 和 *Callograptus* 的时代为中寒武世—早奥陶世，*Dictyonema* 的时代为晚寒武世—早奥陶世，*Desmograptus* 的时代为早奥陶世。

本组合带时代主要依据笔石 *Didymograptus* cf. *nanus*，参考三叶虫 *Parasphaer-exochus confragous*、*Pseudosphaerexochus*（*Pateraspis*）*inflatus*，应为弗洛期。

2）*Phyllograptus anna* 组合带

由南润善和朱慈英（1992）建立，产于铜山组中。郭鸿俊等（1979）报道的笔石有 *Dictyonema* sp.、*Desmograptus* sp.、*Dendrograptus* sp.、*Callograptus* sp.、*Didymograptus* sp.、*Orthograptus* sp.、*Glossograptus* sp.、*Phyllograptus anna*、*Glyptograptus* sp.、*Climacograptus* sp.。郭鸿俊和赵达（1987）报道的笔石有 *Phyllograptus anna*、*Phyllograptus* cf. *anna*、*Climacograptus* sp.、*Glyptograptus* sp.、*Orthograptus* sp.。其时代是早奥陶世早—中期。

Phyllograptus anna 产在澳大利亚中西部坎宁盆地、美国纽约、苏联拉脱维亚，以及中国云南大理、广东西部、安徽宁国、湖北宜昌等地的早奥陶世早—中期地层中。

组合带的时代确定主要根据 *Phyllograptus anna* 的时代，应为早奥陶世早—中期，但其同组的三叶虫时代偏晚，如 *Pliomerellus jacuticus*，时代很可能是弗洛期—大坪早期。

3）*Dicellograptus sextans - Climacograptus putillus* 组合带

由南润善和朱慈英（1992）建立，产于铜山组中。郭鸿俊和赵达（1982）报道本组合带有 *Dicellograptus sextans*、*Dicellograptus* sp.（cf. *smithi*）、*Climacograptus putillus*、*Climacograptus* sp.。经薛春汀（1985）鉴定有 *Glrptograptus* sp.、*Dicellograptus sextans*、*Climacograptus putillus*、*Pseudoclimacograptus* cf. *scharenbergi*、*Dendrograptus* sp.、*Dictyonema* sp.、*Amplexograptus* sp. 等。

Dicellograptusw sextans 产在英国及中国湖北宜昌、天山和美国中奥陶世地层中，*Climacograptus putillus* 见于中国广东、广西、湖南、安徽、甘肃和美国中—晚奥陶世地层中（郭鸿俊和赵达，1982）。

上述两种 *Dicellograptusw sextans* 出现时代较短，本组合带时代为中奥陶世早—中期，参考其他门类的时代，确定其时代应为中奥陶世早期。

4）*Dictyonema - Dendrograptus* 组合带

由南润善和朱慈英（1992）建立，产于裸河组中。组合有 *Dictyonema*、*Dendrograptus* 等，树笔石科是占优势的笔石动物群，主要根据共生的三叶虫时代，将其时代定为中—晚奥陶世。

我国至今在中—晚奥陶世地层中还没有发现以树笔石占优势的动物群。俄罗斯东部和美国北部的中—晚奥陶世地层中有树笔石。

5）*Orthograptus* cf. *truncatus* 组合带

由南润善和朱慈英（1992）建立，产于爱辉组中。此组合带经薛春汀（1980）研究有 *Orthograptus* cf. *truncarus*、*Pseudoclimaocguaptus* cf. *scharenbergi*。

郭鸿俊和赵达（1982）认为，本组合带大致和英国 *Pleurograptus linearis* 带相当，时代相当于晚奥陶世中—晚期。

三、五隆屯地区

五隆屯地区腕足类可划分3个组合带。

1) *Hingganoleptaena nenjiangensis* – *Giraldella humaensis* 组合带

组合带中腕足类(图3-7)数量迅速增加,并以 *Hingganoleptaena*、*Viruella* 为主体,正形贝类退居次要地位,无铰纲也较多。化石有 *Glyptorthis* sp.、*Glyptorthis humaensis*、*Taphrorthis* sp.、*Acrotreta* sp.、*Hingganoleptaena nenjiangensis*、*Hingganoleptaena humaensis*、*Giraldibella humaensis*、*Magicostrophia* sp.、*Philhedra rankini*、*Viruella orientalis*、*Odoratus wangi*、*Odoratus acutangularis*、*Wulongella*? sp.、*Lingulella* sp.、*Philhedra hingganlingensis*,还有 *Ptychopleurella* sp.、*Gunnarella* sp.、*Onniella meseloda*、*Viruella irienralis*、*Orthambonites* sp.、*Paucicrura* sp.、*Orthis* sp.、*Nicoella* sp.、*Acrotreta* sp.,其中 *Giraldibella* 是捷克晚奥陶世 KOSOV 组中的重要分子;*Onniella* 见于波西米亚晚奥陶世 Bohdalec 组;*Philhedra*、*Viruella*、*Onniella*、*Glyptorthis*、*Paucicrura* 在欧洲、北美中—晚奥陶世地层中出现;*Taphrorthis* 在北美见于阿巴拉契山脉 Porterfield 阶。从以上情况看,本组合时代应为晚奥陶世凯迪早中期。

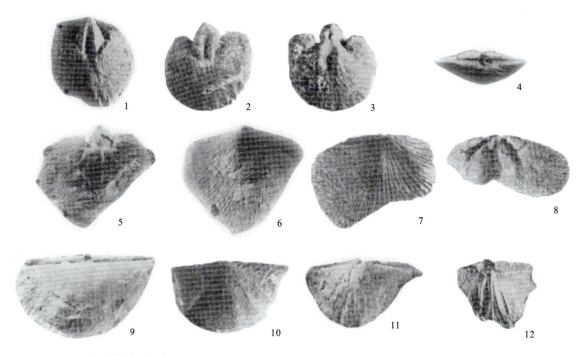

1～4. *Orthambonites parvicrassicostatus*;5～8. *Paucicrura rogata*;9～12. *Viruella orientalis*。

图3-7　五隆屯地区腕足类化石1

2) *Dalmanella sulcata* – *Dedzetina filongshanensis* 组合带

腕足类(图3-8)特点是数量增多,分异度大,地方性属种增加,无铰纲开始衰退,以 *Dalmanella*、*Ravozetina*、*Onniella*、*Dedzetina* 和 *Viruella*、*Rafinesquina*、*Luhaia* 为主体,正形贝类仍有出现,但数量不多,小嘴贝开始出现,主要有 *Dalmanella hingganensis*、*Dalmanella sulcata*、*Ravozetina rava*、*Howellites dongbeiensis*、"*Howellites*" *sinica*、*Dedzetina filongshanensis*、*Wulongella convexoplana*、*Wulongella* sp.、*Luhaia vardi*、*Rafinesquina ordovica*、*Magicostrophia* sp.、*Viruella orientalis*、*Onniella* sp.、*Onniella dongbeiensis*、*Acrotreta* sp.、*Rostricellula lapworthis* 等。该组合带中的 *Dalmanella*、*Dedzetina*、*Ravozetina*、*Howellites*、*Rafinesquina* 分布于波西米亚晚奥陶世地层中，前两属出现数量较多。*Dalmanella*、*Ravozetina*、*Onniella* 在波西米亚早—中奥陶世地层也曾出现过。*Howellites* 也见于 Zahorany 组。*Luhaia* 见于苏联波罗的海沿岸地区的上奥陶统。*Rostricellula*、*Rafinesquina* 广布于北美、欧洲和亚洲中、上奥陶统中。

从化石组合分析来看，时代为凯迪中—晚期。

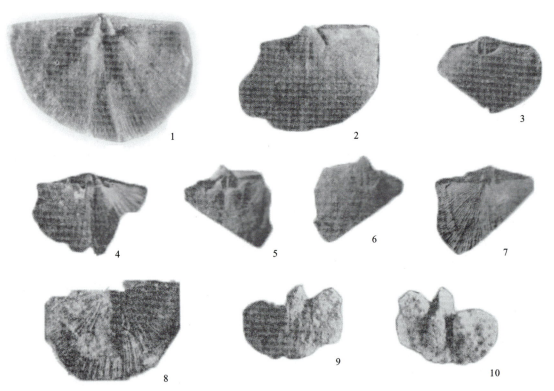

1～3. *Onniella mesoloba*；4～7. *Onniella sinica*；8～10. *Howellites*? sp.。

图 3-8　五隆屯地区腕足类化石 2

3）*Odoratus wangi - Magicostrophia hingganensis* 组合带

该组合带特点是化石数量多，但属种单一，仅有 2 个扭月贝类 2 属及 2 个新种，其他腕足类均灭绝，记有 *Odorarus wangi*、*Magicostrophia hingganensis*。

四、其他共生化石

头足类：*Michelinoceras* sp.。

腹足类：*Ptychospirina* sp.、*Lophospira* sp.、*Donadiella* sp.。

珊瑚类：*Sinkiangolasma* sp.。

海林檎：*Echinosphaerites* sp. indet.。

牙形石：*Panderodus* cf. *similaris*。

苔藓：*Batostoma* sp.、*Trematoporidea* sp.、*Phaenopora* sp.。

第二节 志留纪卧都河古生物群

古生代的第三个纪,距今4.43—4.19亿年。这一时期形成的地层叫志留系。

志留纪生物的主要特点是海生无脊椎动物仍占重要地位,出现了单笔石,珊瑚和腕足类大量繁育,出现了大型海生节肢动物——板足鲎类(如翼肢鲎),并很快达到了鼎盛;还出现了海百合;脊椎动物无颚类进一步发展;植物界开始登陆,出现了具维管束的裸蕨类(库逊蕨、黔羽枝就是最早出现的裸蕨),其中黔羽枝出现最早,发现于我国贵州凤冈。正是由于志留纪植物开始登陆,大地才逐渐披上绿装,以后才会出现五彩缤纷的世界。

黑龙江省有化石依据的志留系均分布在黑河市境内,目前所发现的化石种类较少,只见腕足类和三叶虫化石。

(一)腕足类

黑龙江省志留纪地层发育,古生物化石丰富,以腕足类为主。腕足类又以著名的 *Tuvaella* 为代表。苏养正(1981)根据不同时期出现的 *Tuvaella* 及其组合,将腕足类自下而上划分4个组合带。

1. *Chonetoidea* 组合带

本组合带产于黄花沟组中,以 *Chonetoidea*、*Meifodia*、*Atrypa* 为主,*Chonetoidea luoheensis*、*Meifodia subrotunda* 为辅,还有 *Stegorhynchella angaciensis*、*Leptostrophia*? sp.、*Tuvaella rackovskii* 等(图3-9、图3-10)。

图3-9 黑河市黄花沟组典型化石产地

1. *Tuvaella minuta*；2～4. *Atrypa tennesseensis*；5～7. *Meifodia subrotunda*；8～10. *Chonetoidea luoheensis*。

图 3-10 *Chonetoidea* 组合带

2. *Tuvaella rackovskii* 带组合（图 3-11）

本组合带位于八十里小河组，产 *Tuvaella rackovskii*、*Dalmanella initalensis*、*Leptostrophia elegestica*、*Strophonella* sp.、*Leptaena -"rhomboidalis"*、*Stegorhynchella angaciensis*、*Howellella tapsaensis*、*Meristina hinganensis*、*Protocortezorthis* sp.、*Chonetoidea luoheensis*、*Meifodia subrotunda* 等。

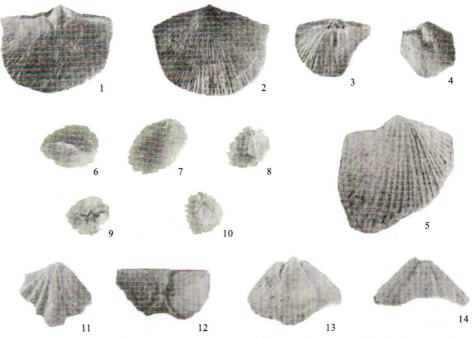

1～3. *Dolerorthis multicostata*；4、5. *Glyptorthis bellarugosa*；6～10. *Meristina hinganensis*；11～14. *Tannuspirifer sinensis*。

图 3-11 *Tuvaella rackovskii* 组合带

3. *Tuvaella rackovskii - Tuvaella gigantea* 组合带(图 3-12)

本组合带产于卧都河组下部板岩中,有 *Tuvaella rackouskii*、*Tuvaella gigantea*、*Tuvaella minuta*、*Leptostrophia elegestica*、*Leptaena "rhomboidalis"*、*Leptaena hinganensis*、*Stegorhynchella angaciensis*、*Protocortezorthis makovskii*、*Dalmanella initalensis*、*"Camarotoechia" nalivkini*、*Eospirifer tuvaensis*、*Meristina ovalis*、*Cyrtia latisulcus*、*Howellella tapsaensis*、*Schizoramma rigida*。

1~4. *Leptaenopoma wodouheensis*;5~7. *Tuvaella rackouskii*;8. *Howellella tapsaensis*;
9~12. *Leptostrophia elegistica*;13~15. *Tastaria aurifera*。

图 3-12 *Tuvaella rackovskii - Tuvaella gigantea* 组合带

4. *Tuvaella gigantea* 组合带(图 3-13)

本组合带产于卧都河组上部。有 *Tuvaella gigantean*、*Leptostrophia elegistica*、*Leptaena "rhomboidalis"*、*Stegorhynchella angaciensis*、*Protocortezorthis makovskii*、*Dalmanella initalensis*、*Meristina ovalis*、*Cyrtia latisulcus*、*Tannuspirifer sinensis*。

上述组合中的腕足类化石,绝大多数是地方性种,不能进行区域对比,而 *Tuvaella* 在各组合中虽有变化,但就属而言,还是比较稳定的,种的变化也有一定的规律,因此可以作为确定时代和进行对比的重要依据。*Tuvaella* 构成的各组合,在黑龙江省内主要分布在小兴安岭地区,关鸟河、裸河、卧都河、古兰河、大河里河沿岸。

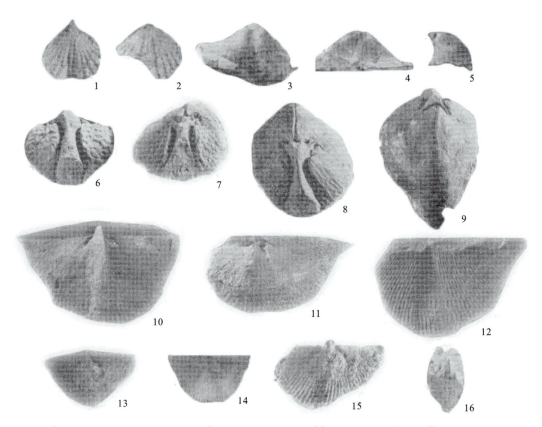

1、2. *Stegorhynchella angaciensis*；3～5. *Cyrtia exporrecta*；6～9. *Meristina ovalis*；10～16. *Tuvaella gigantea*。

图 3-13　*Tuvaella gigantea* 组合带

(二) 珊瑚

本生物群仅见少量珊瑚化石：*Tryplasma* sp.、*Dalmanophyllum* sp.、*Calostylis* sp.。

(三) 三叶虫

本生物群仅见少量三叶虫化石：*Phacops shetaensis*（图 3-14）、*Cheirurus* sp.。

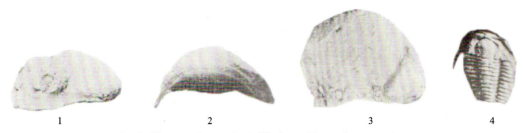

1～3. *Phacops shetaensis*；4. *Warburgella wudaogouensis*。

图 3-14　三叶虫化石

第三节 泥盆纪泥鳅河古生物群

泥盆纪是古生代的第四个纪,距今 4.19—3.58 亿年。这时期形成的地层叫泥盆系。

泥盆纪陆生植物得到了发展,以裸蕨类为主。泥盆纪早期还出现了原始石松类,中期出现了原始鳞木、原始楔叶类和原始真蕨类,晚还出现了原始石松类的斜方薄鳞木和裸子植物的古蕨羊齿。海生动物中笔石和三叶虫大量减少,而珊瑚中的四射珊瑚进一步发展,腕足动物中的石燕类极为繁育,穿孔类的鸮头贝也广泛分布,这时原始菊石类开始出现,例如海神菊石、竹节石和牙形石也比较发育。海生动物中的鱼形动物无颌类和盾皮鱼类大量出现,具有时代特点,所以泥盆纪被称为鱼类时代,出现了原始两栖类鱼石螈类。到泥盆纪晚期,由于地球环境的变化,鱼类中的一支开始登上陆地,成为脊椎动物进化史上的里程碑事件,自此掀开了脊椎动物在大陆发展的序幕。在这段地史时间发生了很大变化,海洋里鱼类大量繁殖,成为海洋里的佼佼者;此时,大地已经披上绿装,并给以后的动物大发展打下了良好基础。后期在陆地上开始有了原始的两栖类,池塘里有了鱼类。

本次整理的泥盆纪泥鳅河古生物群是指在嫩江、黑河一带分布的泥盆系中产出的化石。在本区域古生物繁盛,以底栖生物为主,特别是腕足类、苔藓虫类;其次是珊瑚类、三叶虫类、棘皮动物和植物等(附录一)。

一、腕足类

腕足类划分了以下 4 个组合。

1. *Plectodonta mariae* – *Meristella* aff. *atoka* 组合

薛春汀(1980)建立,当时指产于原西古兰河组中,现划归泥鳅河组,主要分子有 *Resserella* sp.、*Levenea* sp.、*Orthostrophia strophomenoides parva*、*Plectodonta mariae*、*Rugoleptaena* sp.、*Lissatrypa* sp.、*Coelospira virginiformis*、*Meristella* aff. *atlka* 等(图 3-15)。这个组合的特点:有繁盛于志留纪而延至早泥盆世的属种 *Plecdonta*、*Resserella*、*Lissatrypa* 等,且多数属种见于北美阿巴拉契亚区,其中,*Coelospira virginiformis* 在美国产于俄克拉何马州早泥盆世地层中;*Plectodonta mariae* 则产于下泥盆统底部的包尔绍夫层中。因此将本组合时代定为早泥盆世洛霍考夫期。

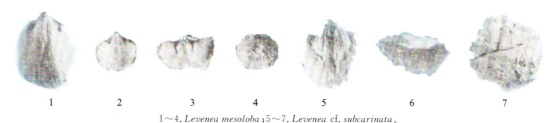

1~4. *Levenea mesoloba*;5~7. *Levenea* cf. *subcarinata*。

图 3-15 *Plectodonta mariae* – *Meristella* aff. *atoka* 组合

2. *Leptocoelia sinica* 组合

由薛春汀(1980)建立,产于西古兰河的泥鳅河组中(图 3-16),主要有 *Aulacella delenensis*、*Levenea mesoloba*、*Paramerista brevisepta*、*Coelospirella pseudocamilla*、*Cyrtina kazi*、*Leptocoelia sinica*、

Fascicostella parva 等。这些属种在内蒙古的泥鳅河组中较常见,多为地方性属种。仅 *Coelospira*、*pseudocamilla* 产于美国内华达州大盆地,相当于 *Trematospira* 带;*Cyrtina kazi* 首见于波西米亚布拉格阶及洛霍考夫阶,后又发现于苏联阿尔泰下泥盆统索洛维申斯克层中。因此,该组合时代为早泥盆世布拉格期。

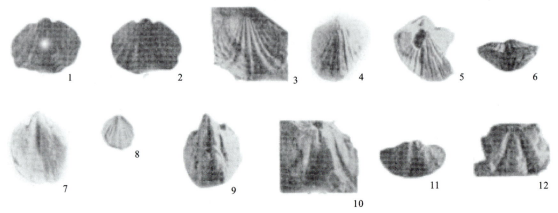

1~3. *Leptocoelia sinica*;4~6. *Fascicostella parva*;7~9. *Coelospira pseudocamilla*;10~12. *Cyrtina kazi*。

图 3-16　*Leptocoelia sinica* 组合

3. *Gladiostrophia kondoi* 组合

薛春汀(1980)建立于爱辉县(黑河市)金水(图 3-17),产于泥鳅河组上部。主要分子有 *Reeftonia borealis*、*Discomyorthis kinsuiensis*、*Leptaenopyxis bouei*、*Megastrophia* sp.、*Megastrophia manchurica*、*Gladiostrophia kondoi*、*Leptostrophia nonakai*、*Rhytistrophia muharica*、*Lissostrophia triloba*、*Xenizostrophia muharica*、*Wilsoniella grandis*、*Coelospirella virginiformis*、*Acrospirifer macrothyris*、*Paraspirifer gigantea* 等(图 3-18)。

图 3-17　泥鳅河组典型化石产地(黑河金水农场)

组合中的 *Rhytistrophia* 在北半球早泥盆世地层中有着广泛的分布;*Leptaenopyxis bouei* 分布于西欧布拉格期—早爱姆斯期及苏联阿尔泰和中国新疆、内蒙古早泥盆世晚期地层中;*Acrospirifer macrothyris* 在北美产于早泥盆世地层中。因而这一组合的时代应是爱姆斯期。

4. *Acrospirifer dyadobomus* 组合(图 3-19)

薛春汀(1980)建立于爱辉县(黑河市)西古兰河,产于泥鳅河组上部。其中很多分子是由前组合延续而来的,如 *Coelospirella dongbeiensis*、*Acrospirifer macrothyris*、*Howellella amurensis*、*Megastrophia* sp.、*Megastrophia manchurica*、*Reeftonia borealis*、*Tridensilis piloides*、*Xenizostrophia muharica* 等。某些属种仅出现在本组合中,如 *Coelospirella dongbeiensis minor*、*Acrospirifer? dyadobomus*、*Fimbrispirifer divaricatus* 等。说明这一组合与前一组合有密切联系。其中 *Fimbrispirifer divaricatus* 在北美产于早—中泥盆世地层中,因而这一组合的时代应为爱姆斯期—爱菲尔期。

1～3. *Discomyorthis kinsuiensis*；4、5. *Reeftonia borealis*；6、7. *Gladiostrophia kondoi*；8. *Leptostrophia nonakai*；9. *Gladiostrophia kondoi*；10. *Paraspirifer gigantean*；11. *Xenizostrophia muharica*；12. *Wilsoniella grandis*。

图 3-18　*Gladiostrophia kondoi* 组合

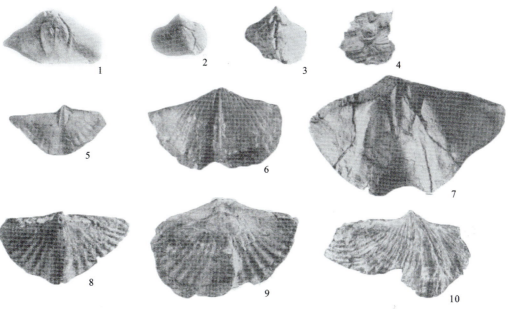

1～3. *Tridensilis piloides*；4. *Coelospirella dongbeiensis*；5、7. *Acrospirifer? Dyadobomus*；6、7、8. *Euryspirifer huolongmenensis*；10. *Fimbrispirifer divaricatus*。

图 3-19　*Acrospirifer dyadobomus* 组合

二、三叶虫

这一时期的三叶虫主要有 Phacops guanniaoheensis、Phacops abbreviatus、Reedops cephalites、Odontochile deleshanense、Phacops handaqiensis、Acanthapyge sp.、Phacops sp.。

三、珊瑚

珊瑚（图 3-20）主要为床板珊瑚：Favositis goldfussi、Glossophyllum tubilaris、Cladopora suni、Cladopora elegans、Cladopora vermiculariformis、Thamnopora dunbeiensis、Cladopora cylindrocellularis、Pleurodictyum? sp.。

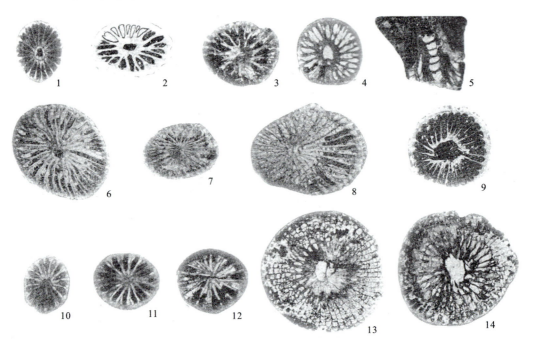

1. Syringaxon curta；2、3. Syringaxon bohemicum；4、5. Syringaxon mayibashanensis；6～8. Barrandeophyllum bohemicum；9. Barrandeophyllum sp.；10～12. "Hapsiphyllum" xinganlingensis；13、14. Glossophyllum tubilaris。

图 3-20 泥盆纪珊瑚

四、苔藓虫

苔藓虫主要产自泥鳅河组中，有 Fistulipora subsphaerica，Fistulipora altilis、Fistulipora tatouhuensis、Hemitrypa megafeneatrula、Fenestella elongate、Fenestella pseudoquadrata、Leioclema jinshuiense、Leptotrypella protea、Dyscritella devonica、Penniretepora triangulata、Penniretepora niqiuheensis、Semicoscinium sp.、Hemitrypa sp.、Unitrypa sp.。

五、双壳类

双壳类(图3-21)主要产自泥鳅河组中,有 *Stappersella handaqiensis*、*Megambonia kazakhstanica*、*Nuculoidea* sp.、*Pseudaviculopecten* sp.、*Leptodesma* sp.。

1~3. *Megambonia kazakstanica*;4. *Prosocoelus handaqiensis*;5、6. *Conocardium jinshuiensis*;7. *Leptodesma jinshuiensis*;
8. *Pseudaviculopecten aihuiensis*;9. *Pseudaviculopecten daheliheensis*;10. *Pterinopecten aihuiensis*;
11. *Pterinopecten daheliheensis*;12. *Ptychopteria*(*Actinopteria*)*maxima*。

图3-21 泥盆纪双壳类

六、腹足类

腹足类有 *Loxonema*? sp.、*Platyceras* sp.。

七、头足类

头足类有 *Devonobactrites jinshuiensis*。

八、植物

本生物群含有少量植物化石,有 *Archaeopteris* cf. *sphenophyllifolia*、*Sphenopteris* sp.、*Cordaitesw* sp.、*Lepidodendropsis* sp.。

第四节 二叠纪红山植物群

二叠纪是古生代的第六个纪,也是最后一个纪,距今 2.98—2.51 亿年。这一时期形成的地层称二叠系。

二叠纪时由于地壳运动强烈,自然地理环境发生了急剧变化,促进了生物界的大变革。动物界昆虫类得到了新的发展,但形体普遍变小,种属增多;海生无脊椎动物中的蜓类、珊瑚、腕足类和菊石类是海洋中最重要的动物;海百合、苔藓虫也十分繁盛;双壳类和腹足类有了新的发展;陆地上的爬行类和两栖类有所发展(附录二)。到二叠纪末期海洋环境也发生了急剧变化,海生无脊椎动物中的笔石、三叶虫、四射珊瑚、海蕾、角石等遭遇大劫难,全部消失。

植物界除石炭纪延续下来的植物外,二叠纪晚期还出现了松柏类和苏铁类,初步具备了中生代植物面貌的特点。还出现了以大羽羊齿为代表的华夏植物群,这也是伊春—玉泉地区陆相地层研究中的重要发现,除了安加拉植物群外,还有华夏植物群分子,是国内混生植物群落之一。

植物群主要产于土门岭组中、红山组中。黄本宏(1977)在《小兴安岭东南部二叠纪植物群》中,对植物化石 26 属 64 种(其中包括 1 个新属,28 个新种)分别加以描述比较,并对植物群的性质、植物组合的地质时代等做了讨论。根据产出地层特点,划分 3 个组合带。

一、土门岭植物组合带

组合带产于土门岭组中,其特点是常同腕足类化石在同一剖面出现。植物化石有 *Noeggerathiopsis derzavinii*、*Noeggerathiopsis* cf. *latifolia*、*Noeggerathiopsis batschatensis*、*Noeggerathiopsis obovata*、*Zamiopteris lanceolatak*、*Zamiopteris tailuganensis*、*Zamiopteris* cf. *glossopteroides*、*Sphenopteris incrassata*、*Sphenopteris* sp.、*Annularia longissima*(图 3-22)。

1. *Zamiopteris tailuganensis*;2. *Noeggerathiopsis* cf. *latifolia*;3. *Noeggerathiopsis derzavinii*;4. *Noeggerathiopsis batschatensis*;5. *Zamiopteris* cf. *glossopteroides*;6. *Annularia longissima*。

图 3-22 土门岭植物组合带

二、三角山植物组合带

组合带主要特点是以蕨类和种子蕨类为主,含有少量的石松类植物,缺少苏铁类植物。植物化石有 *Callipteris angtustata*、*Callipteris shenshuensis*(sp. nov.)、*Callipteris pseudoshenshuensis*(sp. nov.)、*Callipteris obese*(sp. nov.)、*Supaia shenshuensis*(sp. nov.)、*Supaia tieliensis*(sp. nov.)、*Prynadaeopteris anthriscifolia*(Goepp.)、*Pecopteris anbangensis*(sp. nov.)、*Sphenopteris* sp.、*Noeggerathiopsis tieliensis*(sp. nov.)、*Noeggerathiopsis xinganensis*(sp. nov.)、*Noeggerathiopsis insignis*、*Noeggerathiopsis* cf. *angustifolia*、*Sphenophyllum* sp.、*Rhipidopsis xinganensis*(sp. nov.)、*Viatscheslavia vorcuntensis*、*Viatscheslavia* sp.、*Lepidophllum* sp.、*Xinganphyanphullum aequale*(gen. sp. nov.)、*Xinganphyanphullum inaequale*(gen. sp. nov.)、*Xinganphyanphullum* sp.、*Lepeophyllum? trigonum*、*Ginkgophytopsis? xinganensis*(sp. nov.)、*Compsopteris tchirkovae*、*Comia shenshuensis*(sp. nov.)、*Radicites* sp. 等(图 3-23)。

三、红山植物组合带

红山植物组合带特点与三角山植物组合带没有明显的差别,主要特点是以蕨类和种子蕨类植物为主,同时含有少量的各类植物,特别是苏铁类植物的出现和石松类植物的缺失。植物化石有 *Pecopteris yabei*、*Pecopteris* cf. *cyathea*(Schloth.)、*Pecopteris hongshanensis*(sp. nov.)、*Pecopteris deducans*(sp. nov.)、*Pecopteris anbangensis*(sp. nov.)、*Pecopteris* sp.、*Prynadaeopteris anthriscifolia*、*Comia major* Schuedov、*Comia yichunensis*、*Comia tenueaxis*(sp. nov.)、*Comia multinervis*(sp. nov.)、*Comia microphylla*(sp. nov.)、*Comia obese*(sp. nov.)、*Callipteris hongshanensis*(sp. nov.)、*Callipteris heilongjiangensis*(sp. nov.)、*Callipteris tangwangheensis*(sp. nov.)、*Callipteris obese*(sp. nov.)、*Callipteris biformo*(sp. nov.)、*Callipteris pseudoshenshuensis*(sp. nov.)、*Callipteris* cf. *comfluens*、*Callipteris zeilleri*、*Iniopteris sibirica*、*Compsopteris tchirkovae*、*Compsopteris* cf. *adzvensis*、*Compsopteris* cf. *contracus*、*Supaia tieliensis*(sp. nov.)、*Sphenopteris heilongjiangensis*(sp. nov.)、*Sphenopteris yichunensis*(sp. nov.)、*Sphenopteris incrossata*、*Tychtopteris cuneata*、*Petscheria* sp.、*Rhipidopsis xinganensis*(sp. nov.)、*Rhipidopsis hongshanensis*(sp. nov.)、*Schizoneura* cf. *manchuriensis*、*Lobatannularia multifolia*、*Lobatannularia heianensis*、*Zamiopteris* sp.、*Pterophyllum* cf. *slobodskiensis*、"*Odontopteris?*" *xinganensis*(sp. nov.)(图 3-24)。

红山植物群的特征如下:

(1)植物种类以蕨类植物为主,也出现了苏铁类植物,但缺失石松类植物。

(2)红山植物群以安格拉植物群属种为主体,其中异脉羊齿、美羊齿、掌羊齿、扇叶为该植物群的重要组成部分。

(3)红山植物群中出现了华夏植物的分子,如瓣轮叶、异脉羊齿、裂脉叶等。

(4)红山植物群出现了与苏联库兹涅茨克植物群不同的地方性植物分子,具有地方特色。

红山植物群属于安格拉植物群,但混有少量华夏植物的分子,说明该区域位于安格拉古陆的南缘、靠近华夏古陆边缘,这对研究地层学、古生物学岩相古地理有重要意义。

1、2、8. *Pecopteris anbangensis*（sp. nov.）；3. *Callipteris shenshuensis*（sp. nov.）；4. *Callipteris angustata*；5. *Supaia shenshuensis*（sp. nov.）；6. *Comia shenshuensis*（sp. nov.）；7. *Supia tieliensis*（sp. nov.）；9. *Xinganphyllum aequale*；10. *Rhipidopsis xinganensis*（sp. nov.）；11. *Compsopteris wongii*。

图 3-23　三角山植物组合带

1. *Prynadaeopteris anthriscifolia*;2. *Pecopteris hongshanensis*;3. *Rhipidopsis hongshanensis*;4. *Rhipidopsis xinganensis*(sp. nov.);5. *Sphenopteris heilongjiangensis*(sp. nov.);6. *Pecopteris anbangensis*(sp. nov.);7. *Nilssonia hongshanensis*(sp. nov.);8. *Comia microphylla*(sp. nov.);9. *Pecopteris deducans*(sp. nov.);10. *Callipteris* cf. *confluens*;11. *Callipteris heilongjiangensis*(sp. nov.);12. ? *Compsopteris tchirkovae*;13. *Lobatannularia multifolia*;14. *Callipteris zeilleri*。

图 3-24 红山植物组合带

第五节　白垩纪龙爪沟古生物群

　　白垩纪是全球性生物大变革时期,早白垩世时期,植物界面貌基本和侏罗纪晚期一致,但出现了一类重要植物——被子植物。晚白垩世时期被子植物发展迅速,基本接近新生代古近纪的植物面貌,而典型的中生代裸子植物则趋向衰亡。动物界中爬行动物达到极盛时期,但在白垩纪末形体巨大的爬行动物恐龙等都相继灭绝了。淡水型的全骨鱼类继续发展,真骨鱼类开始昌盛。白垩纪时期鸟类有所发展,还出现了小型哺乳动物——原始的有胎盘类。在陆生无脊椎动物中淡水双壳类、叶肢介、介形虫和昆虫等进一步发展。海生无脊椎动物中,海水双壳类、菊石类和箭石类仍然繁盛,并有新的发展。到白垩纪末期,有将近半数的生物绝灭,其中恐龙、菊石和某些蛤类全部绝灭,形成地球历史上罕见的生物大灭绝事件。

　　黑龙江省在这一地史时段地层分布广泛,中、西部地区以陆相沉积岩为主,也见火山喷发岩及其凝灰质岩石。东部地区的密山市、虎林市、饶河县等地以海陆交替沉积岩为主,并在滨海湖沼地带沉积了煤系地层。黑龙江省东部的四大煤田就是这个时期形成的。

　　龙爪沟群由陈广雅(1959)创建于虎林市龙爪沟地区,中国科学院南京地质古生物研究所、中国地质科学院、吉林大学、沈阳地质矿产研究所、黑龙江省煤田地质局、黑龙江省第一区调大队等先后对龙爪沟地区进行了地层、古生物方面的科学研究,并建立和完善了龙爪沟群和龙爪沟古生物群。但由于化石鉴定缺乏有效证据,致使划分方案众多,直至《黑龙江省岩石地层》将龙爪沟群划分为6个组,自下而上为裴德组、七虎林河组、红星城组、朝阳组、曙光组和东安镇组,时代为早侏罗世—早白垩世;沙金庚(2002)根据龙爪沟菊石、双壳类、沟鞭藻,以及放射虫和有孔虫等新的研究成果,将龙爪沟群整体抬升至早白垩世。这一划分方案逐渐得到专业学者和地学界的认同。本书采用了这一划分方案,同时也对其他门类化石组合进行了相应的修编。

　　龙爪沟古生物群产有丰富的多门类动、植物化石,所涉及的门类有双壳类、腕足类、沟鞭藻、介形虫、腹足类、菊石、植物及孢粉等。

一、海相双壳类

　　海相双壳类由沙金庚(2002)建立,产于云山组的双壳类化石组合 *Aucellina caucasica - Aucellina aptiensis*(图3-25、图3-26)。本组合是在重新修正了20世纪70—80年代的双壳类化石标本后建立的。

1～4. *Leionucula albensis*;5～11. *Malletia longzhaogouensis*;12、13. *Malletia peideensis*;14～16. *Micronectes* aff. *bellaturus*。

图3-25　龙爪沟群海相双壳类化石1

化石组合含有广布于北方中巴列姆期末—中阿尔必期的阿普第期指引化石 *Aucellina caucasica* 和 *Aucellina aptiensis*；英国时代为威尔登期—阿普第期的 *Filosina*（如 *Filosina subovalis*）；英国阿普第期的 *Thracia rotundata* 等化石，故这一组合的时代应为巴列姆期—阿尔必期，但主要为阿普第期。

1～3. *Entolium*(*Entolium*) *orbiculare*；4、5. *Modiolus ligeriensis*；6、7. *Astarte formosa*；8～10. *Astarte claxbiensis*。

图 3-26　龙爪沟群海相双壳类化石 2

李子舜和于希汉（1982）曾研究了龙爪沟群的双壳类化石，并建立了 3 个组合和 3 个亚组合。《黑龙江省区域地质志》（黑龙江省地质矿产局，1993）及《黑龙江省岩石地层》（黑龙江省地质矿产局，1997）曾引用。

海相双壳类在七虎林河组中含有多个产于或主要产于欧洲白垩系的属种，其中有 *Lionucula albensis*、*Modiolus ligeriensis*、*Pseudaphrodina ricordeana*、*Astarte formosa*、*Astarte claxbiensis*、*Thracia rotundata* 等。

二、菊石

菊石化石最早由中国地质调查局沈阳地质调查中心采集，主要为 *Arctocephalites peideense* Liang（sp. nov.）、*Cadoceras* sp.、*Cadoceras*(*Stenoeadoceras*) sp.、*Lobokosmoceras peideense* Liang（sp. nov.）（梁仲发，1982；王义刚，1983）（图 3-27），当时认为其是侏罗纪巴通期，后有学者修订为 *Pseudohaploceras* cf. *liptoviense* 和 *Phyllopachycera* sp.，认为其时代为早白垩世巴列姆期或更晚。

三、淡水双壳类

《黑龙江省岩石地层》（黑龙江省地质矿产局，1997）将淡水双壳类划分为 2 个组合，其中 *Margaritifera*-*Ferganoconcha* 组合，产地集中在黑龙江省西部。因此，本古生物群只介绍了第二个组合，即产自龙爪沟地区的 *Ferganoconcha* 组合。

Ferganoconcha 组合：该组合化石属种不多，主要为 *Ferganoconcha* 及 *Unio* 两属的分子，包括 *Ferganoconcha* sp.、*Ferganoconcha elongate*、*Ferganoconcha* cf. *sibirica*、*Ferganoconcha curta*、*Ferganoconcha subcentralis*、*Ferganoconcha sibirica*、*Unio* sp.、*Unio grabaui*、*Unio* cf. *obrutschewi*、*Unio* cf. *menkeo*、*Unio* cf. *ogamigoensos*、*Protocyprina naumanni*、*Tetoria* cf. *yokoyamai* 等，与其伴生的有腹足类及植物化石。主要见于鸡西、勃利、双鸭山集贤盆地的城子河组下部，化石赋存于煤层附近暗色泥岩中，时代为早白垩世，但可能下延至晚侏罗世。

1. *Arcocephalites*(*Cranocephalites*)*hulinensis*; 2. *Morphoceras longzhaogouensis*; 3. *Paracadoceras* sp.;
4. *Arcocephalites peideensis*; 5. *Lobokosmoceras peideensis*; 6. *Stenocadoceras* sp.;
7. *Oxycerites yunshanensis*; 8. *Calliphylloceras yunshanensis*; 9. Genus et. sp. indet.

图 3-27 菊石

四、腕足类

腕足类 *Paruirhynchia bella* - *Kallirhynchia namtuensis* 组合（图 3-28）。

本组合由曲关生（1984）建立，腕足类化石目前主要发现于虎林市永红煤矿南山龙爪沟群云山组，产于上段下部黑色泥岩中，与其伴生的有双壳类、腹足类、介形虫等。经李莉、古峰等研究，9 属 15 目均属小嘴贝超科。以 *Septaliphoria*、*Thurmannella*、*Daghanirhynchia*、*Kallirhynchia*、*Yunshanella* 等属为主，主要有 *Septaliphoria hulinensis*、*Septaliphoria yunshanensis*、*Monticlarella rectoumbonata*、*Rhynchonelloidella yunshanensis*、*Kallirhynchia yunshanensis*、*Kallirhynchia namtuensis*、*Kallirhynchia parva*、*Daghanirhynchia daghaniensis*、*Daghanirhynchia expitiata*、*Thurmannella yunshanensis*、*Thurmannella acris*、*Thurmannella apta* 等。

组合显示以地方属种为主，不具备大范围的对比，时代置于早白垩世阿普特期—阿尔必期。

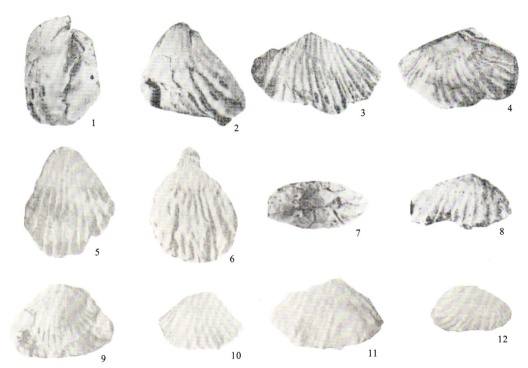

1、2. *Rhynchonelloidella yunshanensis*；3、4. *Kallirhynchia* cf. *yunshanensis*；5、6. *Yunshanella yunshanensis*（gen. et nov.）；
7、8. *Daghanirhynchia daghaniensis*；9. *Thurmannella yunshanensis*；10～12. *Septaliphoria hulinensis*。

图 3-28　腕足类化石

五、介形虫（海相至半咸水类型）

龙爪沟古生物群所产介形虫化石主要为海相半咸水类型。张立君和张英菊（1982）研究永红煤矿南山剖面、云山剖面、二龙山剖面，对发现的 9 属 10 种和 6 个未定种的化石，进行系统研究后建立了 3 个组合。

1. *Protocythere ruidireticulata* - *Galliaecytheridea elegans* - *Mandelstamia truncata* 组合

本组合产于永红煤矿及云山等地云山组上段下部的黑色泥岩中，见两层化石，下层产正常海相介形虫化石。有 *Protocythere ruidireticulata*、*Protocythere yunshanensis*、*Galliaecytheridea elegans*、*Galliaecytheridea postspinosa*、*Gobtusovata*、*Mandelstamia longzhaogouensis*、*Mandelstamia truncata*、*Paracypris* sp. 等，上层在煤层附近，产微淡化近海相介形虫 *Galliaecytheridea ovatiformis*、*Galliaecytheridea* sp.、*Monoceratina*? sp.、*Scabriculocypris retina*。主要依据正常海相介形虫化石建立组合。

本组合以 *Protocythere*、*Galliaecytheridea* 和 *Mandelstamia* 三属分子为主，*Protocythere* 属地理分布较广，在亚洲、欧洲和北美洲均可见，地史分布为晚侏罗世—早白垩世，以早白垩世为繁盛期。*Galliaecytheridea* 属在中侏罗世—早白垩世均有分布，以晚侏罗世最为繁盛。*Mandelstamia* 属在侏罗纪—早白垩世都有分布。根据三属的地史分布和海相双壳类 *Aucellina* 综合考虑，时代为早白垩世巴列姆期—阿普特期。

2. *Scabriculocrpris obtusispina* – *Mandelstamia triangulata* 组合（图 3-29）

本组合属海陆过渡半咸水相，主要产于云山、永红煤矿、龙爪沟等地云山组上段中部。由 *Scabriculocypris obtusispina*、*Scabriculocypris* aff. *cerastes*、*Scabriculocypris postideclivis*、*Scabriculocypris* ex gr. *trapezoides*、*Mandelstamia triangulana*、*Mandelstamia longzhaogouensis*、*Mandelstamia* sp.、*Cypridea* sp. 等组成。

Scabriculocrpris 属在晚侏罗世—早白垩世均有分布，以晚侏罗世晚期最为繁盛，其时代应为晚侏罗世晚期。

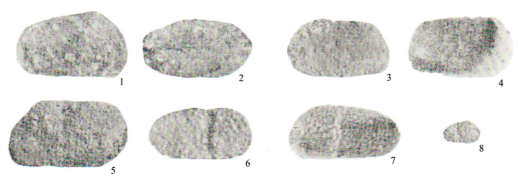

1、2. *Scabriculocypris* aff. *cerastes*；3、4. *Scabriculocypris postideclivis*；5. *Scabriculocypris obtusispina*；
6、7. *Mandelstamia longzhaogouensis*；8. *Mandelstamia triangulana*。

图 3-29　*Scabriculocrpris obtusispina*—*Mandelstamia triangulata* 组合

3. *Cypridea* – *Scabriculocypris* – *Galliaecytheridea* 组合

本组合属海陆过渡半咸水相。主要产于密山市二龙山林场及勃利县青龙山等地曙光组上段上部，化石有 *Cypridea* sp.、*Scabriculocypris* aff. *cerastes*、*Mantelliana mishanensis*、*Mantelliana* sp.、*Vlakomia pristina*、*Galliaecytheridea* sp. 等。

Cypridea 属的时限为晚侏罗世—古近纪初；*Mantelliana* 属的时限为晚侏罗世提塘期—早白垩世巴雷姆期；*Vlakomia pristina* 属在苏联南滨海省和我国吉林省产于白垩纪非海相地层中。组合具有欧洲波倍克层介形虫动物群特征，时代为早白垩世早期。

六、腹足类

云山组是区内产腹足类化石的主要层位，腹足类化石一般保存在泥质粉砂岩和黑色泥岩中，完好度较差。有些属种（*Uchauxia*）个体很丰富。云山组所产化石主要以 *Cerithiids* 为其主要特征，主要属种有 *Mathilida asiaticum*、*Uchauxia* aff. *peregrinorsa*、*Uchauxia yunshanensis* sp. nov.、*Uchauxia* sp.、*Trochactaeon* sp.，其中 *Uchauxia* 在我国系首次报道，广泛分布于苏联费尔干纳地区、外高加索地区、墨西哥、罗马尼亚、德国、英国、法国和奥地利的早白垩世—晚白垩世赛诺期地层中。*Trochactaeon* 也是特提斯海区白垩纪的常见分子。与这些腹足动物群共生的双壳类有 *Aucellina caucasica*、*Aucellina acuminate*，它们均是早白垩世的常见分子，根据以上对比，云山组含腹足类化石的地层时代应为早白垩世阿普第期—阿尔必期。

七、植物

植物划分为以下两个组合(图3-30)。

1、2. *Coniopteris simplex*；3. *Neocalamites* sp.；4. *Todites denticulate*；5. *Cladophlebis acutiloba*；6. *Coniopteris burejensis*；7. *Podozamites lanceolatus*；8、13. *Nilssonia sinensis*；9. *Elatocladus* sp.；10. *Raphaelia* cf. *diamensis*；11. *Coniopteris* cf. *bella*；12、14. *Gleichenites yuanbaoshanensis*。

图 3-30　龙爪沟古生物群植物化石

1. *Coniopteris - Phoenicopsis* 植物组合

本组合简称 C-P 植物群，为斯行建创建，出现于龙爪沟古生物群晚期，以真蕨、银杏、苏铁、松柏、木贼类为主，主要有 *Coniopteris simplex*、*Coniopteris hymenophylloides*、*Coniopteris burejensis*、*Cladophlebis nebbensis*、*Cladophlebis* sp.、*Todites denticulate*、*Todites williamsoni*、*Neocalamites* sp.、*Neocalamites* cf. *hoerensis*、*Equisetites* sp.、*Sphenobaiera longifolia*、*Nilssonia* sp.、*Ginkgoites* sp.、*Ginkgoites sibiricus*、*Pityophyllum lindstroemi*、*Pityophyllum longifolium* 等。

该组合与吉林省的红旗组、万宝组所产植物具有可比性，化石产于裴德组、七虎林河组、红星城组；在黑龙江省东部地区与海相双壳类相伴，西部地区与淡水双壳类、介形虫相伴。

本组合以常见于早—中侏罗世的分子为主，有些可延续到晚侏罗世或早白垩世，常见于晚三叠世的属种基本消失，而繁盛于晚侏罗世—早白垩世的 *Ruffordia - Onychiopsis* 植物组合典型分子尚未出现,其时代为中侏罗世。

2. *Ruffordia - Onychiopsis* 植物早期组合

Ruffordia - Onychiopsis 植物组合为斯行建创建,周志炎(1980)将其分为早、中、晚期,具然弘等(1981)进行了修订,因其中期、晚期不在龙爪沟古生物群的范围之内,本书采用修订后方案的早期组合。

本组合包括 8 个大类 33 属 50 余种,以真蕨类最发育,其次为松柏和苏铁类,主要有 *Epuisetum ushimarensis*、*Epuisetum* sp.、*Todites denticulate*、*Conipteris hymenophylloides*、*Conipteris saportana*、*Conipteris burejensis*、*Conipteris arctica*、*Gleichenites nordenskioldi*、*Acanthopteris onychioides*、*Acanthopteris gothani*、*Onychiopsis elongate*、*Cladophlebis distans*、*Cladophlebis* (*Gleichenites*?) *waltoni*、*Raphaelia* (*Osmunda*?) *diamensis*、*Coniopteris* ex gr. *simplex*、*Anomozamites* sp.、*Anomozamites angulatus*、*Nilssonia angustissima*、*Nilssonia sinensis*、*Taeniopteris* sp.、*Sphenobaiera longifolia*、*Elatides manchurensis*、*Podozamites lanceolatus*、*Pityophyllum longifolium* 等。

黑龙江省内主要见于东部地区滴道组、云山组,云山组化石最为丰富,类型全,且有海相化石相伴。

早期组合的特点是出现的 R-O 植物组合典型分子伸长,如 *Onychiopsis elongate*、*Acanthopteris onychioides*、*Acanthopteris gothani*、*Gleichenites nordenskioldi* 等,但没有出现 *Ruffordia* 属的分子。C-P 植物组合的典型分子 *Neocalamites* 已消失,*Todites denticulata* 虽然存在,但数量明显减少。"C-P"植物群晚期组合曾将上述七虎林河组巴通期的菊石和双壳类引为重要的参考佐证,同时也将 *Neocalamites* 视为中侏罗世的代表分子,因此把该植物群的时代视为中侏罗世。现在看来,一是菊石已被修正为巴列姆期甚至更晚期的菊石;二是以往发现的植物化石,其中没有仅限于侏罗纪的属和种,如 *Neocalamites* 等也不仅限于侏罗纪,在日本和俄罗斯也有延入早白垩世地层的报道。故"C-P"植物群晚期组合的时代可延至早白垩世。

八、沟鞭藻类

沟鞭藻采用何承全等(1999)的研究成果。见 *Oligosphaeridium - Odontochitina operculata - Gardodinium trabeculosum - Palaeoperidinium cretaceum* 组合。

该组合产于七虎林河组中。其中有广布于欧洲、北美洲、非洲和大洋洲的欧特里夫期—巴列姆期的常见分子。故本组合的时代为欧特里夫期—巴列姆期。该组合基本相当于《黑龙江省岩石地层》(黑龙江省地质矿产局,1997)中韩松山所建的 *Muderongia - Palaeoperidinium - Oligosphaeridium* 组合。

第六节 白垩纪光华古生物群(热河生物群)

热河生物群是距今 1.4—1.2 亿年生活在亚洲东部地区(包括中国东北部、蒙古国、俄罗斯外贝加尔、朝鲜等)的一个古老生物群。以中国辽西义县—北票—凌源等地区为主要产地。该生物群最初曾以东方叶肢介—三尾拟蜉蝣—狼鳍鱼(*Eosestheria - Ephemeropsis trisetalis - Lycoptera*)为典型代表(顾知微,1962)。近十年来,由于辽西热河生物群大量珍稀化石的发现,如带羽毛恐龙、原始鸟类、早期真兽类哺乳动物以及迄今已知最早的花等,热河生物群已成为国际古生物学界和相关科学界关注的热点。热河生物群诸多重要化石的发现,为鸟类的起源(包括羽毛起源)、被子植物起源及昆虫与有花植物的协同演化等重大理论问题的研究提供了极为宝贵的化石依据。黑龙江省位于热河生物群区划的东部,从大地构造位置、岩石地层、生物组合都存在着可比性(图 3-31)。

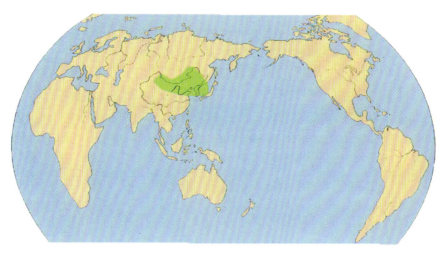

图 3-31 热河生物群的古地理分布（绿色示）

黑龙江省光华古生物群（热河生物群）主要出露位置为内蒙古自治区与黑龙江省交界的狭长地带，包括龙江县、讷河市、嫩江市等地；其次，在大兴安岭北部、小兴安岭西北部等地也有出露。

光华古生物群热河生物群的地层正型剖面是黑龙江省第一区域地质大队测制于龙江县山泉镇光华大队的，命名为龙江组。《黑龙江省区域地质志》（黑龙江省地质矿产局，1993）修订了龙江组的含义，将原龙江组一分为二，把中—中酸性火山岩归入了龙江组。而将剩余的归属于内陆火山-河湖相沉积，岩性以灰白色酸性凝灰岩、沉凝灰岩和黏土岩为主，夹灰绿色杂砂岩和灰紫色安山岩。酸性凝灰岩可相变成熔岩或火山角砾岩，局部含珍珠岩等，这套组合命名为光华组。

光华组中的灰白色黏土岩及沉凝灰岩富产热河生物群化石（叶肢介、介形虫、淡水双壳类、腹足类、昆虫及植物化石），时代为早白垩世，如 *Ephemeropsis trisetalis*、*Coptoclava longipoda*；叶肢介：*Pseudograpta murchisoniae*、*Plocestheria damiaoensis*、*Plocestheria chifengensis*、*Plocestheria zhangjiagouensis*、*Asioestheria hamakengensis*、*Dongbeiestheria guanghuaensis*、*Dongbeiestheria shanquanensis*、*Longjiangestheria opima*；介形虫：*Cypridea* sp.、*Darwinula contracta*、*Ziziphocypris* cf. *simakoui*、*Ziziphocypris* sp.；淡水双壳类：*Ferganoconcha subcentralis*、*Ferganoconcha sibirica*；腹足类：*Bithynia* sp.、*Valuata* aff. *suturalis*；植物化石：*Equisetum* sp.、*Pityophyllum* sp.、*Cladophlebis browniana*（图 3-32）。

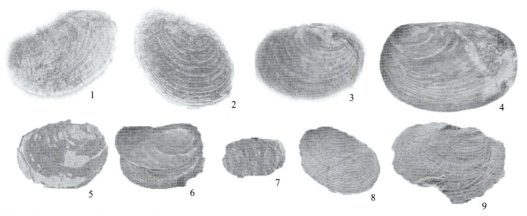

1、2. *Pseudograpta murchisoniae*；3. *Plocestheria damiaoensis*；4. *Plocestheria chifengensi*；5. *Plocestheria zhangjiagouensis*；
6. *Asioestheria hamakengensis*；7. *Dongbeiestheria guanghuaensis*；8. *Dongbeiestheria shanquanensis*；9. *Longjiangestheria opima*。

图 3-32 光华古生物群化石

光华组虽然与辽西地区同属一个大地构造单元,但前人资料中只发现三尾拟蜉蝣和东方叶肢介,而标准的热河生物群 *Ephemeropsis trisetalis*、*Eosestheria*、*Lycoptera* 应都有出露,是热河生物群的3个典型分子(图3-33)。黑龙江省地质博物馆建馆期间,到龙江县光华组的地层中采集标本时,新发现了 *Lycoptera*、*Sinaeschnidia* sp.、*Aranridae* indrt,同时在讷河市、嫩江市等地搜集到相似的标本。从目前掌握和发现的资料,光华组的生物地层完全可以和热河生物群底部的义县组进行对比研究,但黑龙江省的研究还停留在20世纪70年代的水平。

叶肢介化石可建一个化石组合带:*Eosestheria* 组合带。

该组合带由张文堂等建立,当时称东方叶肢介群,只包括 *Eosestheria*、*Diestheria*、*Liaoningestheria* 3个属。目前已发展至8属60余种,在黑龙江省主要见于大兴安岭、小兴安岭的光华组。在大兴安岭地区产有东方叶肢介典型分子 *Eosestheria* sp.及与其共生的 *Ephemeropsis trisetalis*、*Ferganoconcha* sp.等;在小兴安岭地区产有 *Pseudograpta murchisoniae*、*Plocestheria damiaoensis*、*Plocestheria chifengensis*、*Plocestheria zhangjiagouensis*、*Asioestheria hamakengensis*、*Dongbeiestheria guanghuaensis*、*Dongbeiestheria shanquanensis*、*Longjiangestheria opima*、*Ephemeropsis trisetalis*、*Sphaerium* cf. *pusill*、*Ferganoconcha* sp.、*Cypridea* sp.、*Darwinula contracta* 等。

图3-33 热河生物群的3个典型分子:*Eosestheria*、*Lycoptera*、*Ephemeropsis trisetalis*

Plocestheria 特征与辽宁省义县组中下部 *Diestheria* 相近。*Dongbeiestheria* 属,过去归入 *Bairdestheria* 属,为东北叶肢介常见分子。小兴安岭地区光华组所产叶肢介组合应属东北叶肢介组合,但层位偏下,与 *Jibeilimnadia - Keratestheria* 组合带更接近。东北叶肢介组合进一步证明其时代为晚侏罗世—早白垩世。根据实际产出情况,黑龙江省东北叶肢介化石组合的时代为早白垩世。

深入探讨这一生物群的演化辐射及地质事件在松辽盆地发生的地质、地理背景,加强对光华组在义县时期中国北方的一次生物群大爆发所富含的动物、古植物化石生物地层特征、岩石地层特征、生物组合及古生物群落的研究与保护,特别是对热河生物群发育、繁盛的古生态和古环境及其同位素资料和古地磁资料的研究,确定光华组古生物化石沉积层的准确年代,建立具有黑龙江省特色的热河生物群地层层序,让国内、国际学术界专家、学者把科研的重点转移到黑龙江来,具有重要的意义。

第七节 白垩纪恐龙生物群

恐龙是中生代陆生代爬行动物的一类。即从 2.2 亿年的三叠纪初期,历经侏罗纪到 6500 万年的白垩纪末期,恐龙在地球上称霸 1.5 亿年之久,但在白垩纪末全部绝灭了。黑龙江省就是最后的恐龙产地之一,也是中国最早参与恐龙科学研究的地区之一。从现在掌握的研究资料看,可分为晚白垩世嘉荫恐龙生物群和早白垩世鸡西恐龙生物群(图 3-34)。

图 3-34 黑龙江省恐龙化石产地分布简图
注:大兴安岭地区行政公署驻内蒙古自治区加格达奇。

一、晚白垩世嘉荫恐龙生物群

嘉荫地区恐龙研究发展历经 3 个阶段:第一阶段(1902 年),发现恐龙化石,拉开了龙骨山研究的序幕,俄罗斯专家里亚宾宁开展科学研究(1925—1930 年),将其命名为黑龙江满洲龙(*Mandschurosaurus amurensis* Riadinin),之后,黑龙江嘉荫恐龙的研究工作中断了 40 余年;第二阶段(1978—1997 年),从基础地质研究入手,以科普为目的,发掘、装架,这一时期针对古生物学的研究内容较少;第三阶段(2000—2008 年),是嘉荫恐龙研究发展的高潮阶段。

(一)乌拉嘎恐龙研究

2002年7月,黑龙江省地质博物馆海树林、于廷相等对前人发现的乌拉嘎恐龙化石点进行发掘研究,开展了1∶5万区域地质填图,面积为200km²,测制1∶5000剖面4条,基本查清出露的地层为太平林场组、渔亮子组和孙吴组。

2002年8月,吉林大学东北亚生物演化与环境教育部重点实验室孙革教授带领K—Pg界线七国科考团来乌拉嘎考察(图3-35、图3-36)。发掘现场密集的恐龙化石给科考团带来了极大的震撼,中国恐龙王——中科院古脊椎动物与古人类研究所董枝明教授称:"这是真正的恐龙埋葬墓地"。科考团与黑龙江省地质博物馆合作开展K—Pg界线研究工作。同年9月,黑龙江省电视台以"穿越时空的对话"为题在全国首次进行现场直播(图3-37)。

图3-35　乌拉嘎恐龙化石产地(2020年)

图3-36　多国专家在嘉荫开展野外工作(2002年)　　图3-37　黑龙江电视台现场直播恐龙发掘(2002年)

黑龙江省地质博物馆历经三年(2003—2006年)认真修复,共修复出恐龙骨骼化石648个,经比利时皇家科学院恐龙专家Godefroit参与共同研究,确定了两个新种,并查清了乌拉嘎地区晚白垩世恐龙动物群的组成。新种为植食性的鸭嘴龙类(Hadrosaurid)和董氏乌拉嘎龙(*Wulagasaurus dongi*);另外,发掘出肉食性暴龙类(Tyrannosaurid);鸭嘴龙科兰氏龙亚科鄂伦春黑龙(*Sahaliyania elunchunorum*)。在鸭嘴龙类中,具空心头冠的兰氏龙亚科占90%以上。确定的恐龙类群有:

鸭嘴龙类 Hadrosaurid

 鸭嘴龙科 Hadrosaurid

  鸭嘴龙亚科 Hadrosaurinae

   董氏乌拉嘎龙 *Wulagasaurus dongi* Godefroit,2008

  兰氏龙亚科 Lambeosaurinae

   鄂伦春黑龙 *Sahaliyania elunchunorum* Godefroit,2008

模式标本　董氏乌拉嘎龙 *Wulagasaurus dongi* Godefroit,Hai et Lauters 2008。

产地　嘉荫乌拉嘎(中心地理坐标:48°23′40.9″N,130°08′44.6″E)。

层位与时代　渔亮子组上段,马斯特里赫特中期。

模式标本保存　黑龙江省地质博物馆。

乌拉嘎龙(*Wulagasaurus*)是黑龙江省地质博物馆在嘉荫乌拉嘎采集的,历经三年修复,2008年由Godefroit和海树林等正式发表。乌拉嘎龙的头骨和头后骨骼显示一系列相对原始的特征,包括具短的矢状嵴,外枕骨与上枕骨之间距离很短,颧骨突下只有一个小孔,齿骨相对较长,但其牙间隙相对较短,肱骨的三角嵴前弯(图3-38)。乌拉嘎龙与其他基干鸭嘴龙类和兰氏龙亚科的分类群相似,其矢状嵴要更长(Godefroit et al.,2008)

模式标本　鄂伦春黑龙 *Sahaliyania elunchunorum* Godefroit,Hai et Lauters 2008。

产地　嘉荫乌拉嘎(中心地理坐标:48°23′40.9″N,130°08′44.6″E)。

层位与时代　渔亮子组上段,马斯特里赫特中期。

模式标本保存　黑龙江省地质博物馆。

鄂伦春黑龙(图3-39)与乌拉嘎龙产于同一地点、同一层位(渔亮子组上段),但属于鸭嘴龙科的兰氏龙亚科。其头骨和头后骨骼独具特征,包括顶骨侧凹、副枕突细长、矢状嵴发育微弱、前耻骨突向背侧膨大等(Godefroit et al.,2008)。

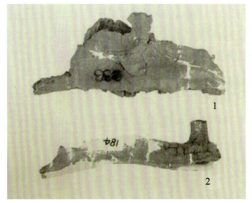

1.左上颌骨;2.右齿骨;3.右肱骨;4.头骨。

图3-38　董氏乌拉嘎龙

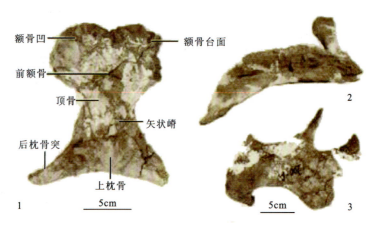

1. 头骨；2. 右齿骨；3. 左颧骨。

图 3-39　鄂伦春黑龙

恐龙埋葬群埋藏在渔亮子组的深灰色含砾泥质岩屑砂岩的较大透镜体中，透镜体长大于 150m，最大厚度 1.2m。在透镜体中有两层恐龙化石，上层化石在中部，下层在底部，间距 20～30cm。上层化石密度较大，下层略差，两层出土化石数量总计 648 个，挖掘面积 135m²，大小化石平均密度为 4 个/m（不含破损化石数量），密度之大实属罕见，称其为恐龙埋葬群名副其实（图 3-40）。

图 3-40　渔亮子组恐龙埋藏群

含恐龙化石的透镜体处于中生代结雅-布列亚盆地的边缘地带，据发掘地现场化石数量和密度分析，当时附近应有大批恐龙栖息，特别是鸭嘴龙较多，它们死亡后大部分被水流搬运至现在的挖掘点，但搬运的距离不大，绝大部分骨骼完整；还有部分骨骼属原地埋藏，但有不同程度的离散，如九连椎和稍有离散的尾椎。这些恐龙骨骼在当时的地表还未来得及风化，就被大量的暗色含砾泥沙掩埋和封闭，形成还原环境，保存至今。但在近万年前的更新世末期，由于受黑龙江断裂的影响，江南台升，使这一带的恐龙化石层处于地表氧化带，所以目前所采集到的化石有一定程度的风化。

在渔亮子组之下的太平林场组下部发现的叶肢介化石较多，被埋藏在当时浅湖带的暗色淤泥中，属封闭的还原环境，保存至今。更新世末，受黑龙江断裂的影响，这些化石同本区地层一起抬升，有的化石裸露地表，有的埋藏不深。由于这些化石存在于封闭的泥质岩中，不易风化，所以保留完好。

乌拉嘎地区恐龙新属种、植物化石、叶肢介化石的新发现为重新划分乌拉嘎地区中新生代地层和科学研究提供了重要证据。笔者认为：

（1）新发现的恐龙、叶肢介化石，确定乌拉嘎地区的新近纪孙吴组属晚白垩世地层。据岩石组合和古生物化石，进一步划分出太平林场组和之上的渔亮子组。

（2）本区的恐龙化石所在层位渔亮子组，其时代为晚白垩世马斯特里赫特中—晚期，由此证明，本区恐龙是我国晚白垩世最后的恐龙。

（3）乌拉嘎地区白垩纪地层中的发现，让科学家们证实恐龙灭绝于结雅-布列亚盆地边缘地带我国一侧成为可能。另外，Godefroit 认为：两个新属种恐龙表明，鸭嘴龙亚科也包括鸭嘴龙科的恐龙。据此也会产生一个亚洲起源说，意味着鸭嘴龙科的恐龙在亚洲约有1300万年的演化史。

（二）嘉荫恐龙研究

嘉荫恐龙研究可称得上历史悠久。1902年，俄国军官 Manakin 在嘉荫县以西的黑龙江边白崖下龙骨山（图3-41）发现化石；同年，布拉维申斯克的一位考古学家 Gurov 也在黑龙江边采集到了动物化石，Manakin 与 Gurov 的报道引起了地质学家的关注；1914年，俄罗斯地质委员会的古生物学家 Kryshtfovich 来到嘉荫龙骨山，采集一些化石，带回了圣彼得堡，交给恐龙学家 Riabinin 研究，认定这些化石是恐龙的腓骨和胫骨；根据这些线索，1916—1917年的夏天，俄罗斯地质委员会组织两个发掘队，在 Stepanov 的带领下，到嘉荫龙骨山，在含有化石的灰绿色砾岩层进行发掘，并将采集到的骨骼化石送到圣彼得堡进行修复与研究；1918—1923年，Stepanov 将采集到的化石进行修复，于1924年在恐龙学家 Riabinin 指导下装架。

图3-41 嘉荫龙骨山远望

Riabinin 最初研究认为是黑龙江粗齿龙（*Trachodon amurense* Riadinen,1925），后经进一步研究，命名为黑龙江满洲龙（*Mandschurosaurus amurensis* Riabinin,1930），认为属于鸭嘴龙亚科（Hadrosaurinae）。与此同时，他还描述了与恐龙伴生的龟化石（*Aspederetes planicostatus*）、兽脚类牙齿化石（*Albertosaurus periculosus*），以及鸭嘴龙类[*Saurolophus kryschtofovici*（sic）]的左侧坐骨化石等，认定兽脚类牙齿化石属于暴龙类（Tyrannosaurs）。由于 *Albertosaurus* 和 *Saurolophus* 两属恐龙的存在，Riabinin 认为，产自黑龙江边的这一动物群与加拿大埃德蒙顿组（Edmonton Formation）动物群相似。上述满洲龙模式标本一直保存在圣彼得堡地质博物馆（图3-42）。

我国古脊椎动物学家杨钟健院士对嘉荫地区恐龙化石也十分关心（图3-43）。1956年，他率团赴苏联学术交流时，专程到圣彼得堡地质博物馆查看满洲龙化石模式标本。他的弟子赵喜进、董枝明多次来嘉荫考察研究。

中国学者涉足嘉荫地区恐龙化石研究，且真正开展较大规模的恐龙化石研究与发掘，是从20世纪70年代末期开始的，当时，黑龙江省区域地质测量队四分队在1:20万区调工作中，采集了数十箱化石标本，经中国地质博物馆胡承志鉴定，为鸭嘴龙亚科（Hadrosaurinae），时代相当于晚白垩世中晚期，并于1979年把含恐龙化石相应的岩性组合确定为渔亮子组，时代为晚白垩世。参加研究工作的有杨大山、魏正一（工作时间为1983—1985年），刘翰（工作时间为1990—1991年），邢玉玲（工作时间为1994—

1999年)、于廷相(工作时间为1994—1999年、2001—2010年)、海树林(工作时间为2001—2010年)、比利时哥德弗洛伊特(工作时间为2002—2008年)、尤里·保罗斯基(工作时间为2003—2008年)、董枝明(工作时间为2001—2008年)、孙革(工作时间为2001—2006年)。上述专家、科研团队的研究工作为嘉荫地区晚白垩世恐龙研究奠定了重要基础。

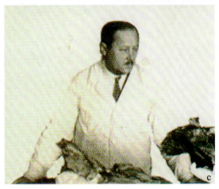

a. 保存在圣彼得堡地质博物馆内的满洲龙模式标本;b. Riabinin;c. Stepanov。

图 3-42 满洲龙

图 3-43 杨钟健院士(右)与他的弟子董枝明

2002—2011年期间,吉林大学东北亚生物演化教育部重点实验室孙革教授带领多国科研团队,对黑龙江省嘉荫地区晚白垩世—古近纪生物群及其地层白垩纪—古近纪界线进行研究,新建立了7个孢粉组合带、两个大植物组合,对比近年来在本区和邻区新发现的9个恐龙动物新类群,开展古生物学、地质学、古地磁学及地球化学等综合研究,确定了我国首个具有国际对比标准的陆相白垩纪—古近纪界线,首次提出火山活动、海平面下降和气候变冷等可能是嘉荫乃至整个东北亚地区恐龙灭绝的主要因素,并提出黑龙江流域的恐龙大规模灭绝可能早于白垩纪—古近纪界线时期的新观点。

(三)黑龙江流域恐龙分类群

嘉荫盆地大地构造位置为结雅-布列亚盆地边缘的子盆地,受黑龙江断裂影响,黑龙江左岸一侧抬升,导致埋藏地下的化石出露地表,形成沿江多处恐龙化石点,如黑河市、逊克县、龙骨山、永安村、乌拉嘎等恐龙化石点。在俄罗斯境内仅有两处化石点,分别为黑河对岸的布拉戈维申斯克(海兰泡)、嘉荫对岸的昆都尔。在中、俄古生物学家的不懈探索下,发现的黑龙江流恐龙域恐龙类群有:

鸭嘴龙类 Hadrosaurids

鸭嘴龙科 Hakrosauridae

鸭嘴龙亚科 Hakrosauridae

黑龙江满洲龙 *Mandschurosaurus amurensis* Riabinin,1930

马氏克伯龙 *Kerberosaurua manakini* Bolotsky dt Godefroit,2004

董氏乌拉嘎龙 *Wulagasaurus dongi* Godefroit,2008

那氏昆都尔龙 *Kundurosaurus dongi* Godefroit,2012

兰氏龙亚科 Lamdeosaurinae

嘉荫卡龙 *Charonosaurus jiayinensis* Godefroit et al.,2000

鄂伦春黑龙 *Sahaliyania elunchunorum* Godefroit,2008

里氏阿穆尔龙 *Amurosaurus riabinini* Bolotsky et Kurzanov,1991

阿哈拉官帽龙 *Olorotitan arharensis* Godefroit et al.,2003

鸭嘴龙亚科(分类位置待定)

姜氏嘉荫足印 *Jiayinisauripia johnsoni* Dong et al,2003(图3-44)。

图 3-44 姜氏嘉荫足印

(四)恐龙装架与科普

嘉荫恐龙古生物学研究助推了当地多家博物馆开展恐龙科普活动,据不完全统计,恐龙装架共有11具之多。

1977年,根据黑龙江省区域地质调查大队四分队在龙骨山发现的恐龙化石线索,黑龙江省博物馆杨大山、魏正一在化石点采集千余块恐龙化石,并于1980—1981年组装3具恐龙骨架,其中:一具被黑龙江省博物馆展出,一具在吉林外展时不慎烧毁;一具被中国地质大学逸夫博物馆收藏。

1990—1991年,长春地质学院刘翰教授带队,在嘉荫龙骨山进行了恐龙化石发掘,并完成两具满洲龙骨骼装架(图3-45);1992年起,黑龙江省地质博物馆邢玉玲带队在龙骨山发掘,又发现了一大批恐龙化石,其中一件较大恐龙个体长11.75m,高4m,由恐龙学家赵喜进命名为巨型满洲龙(图3-46),但未正式发表;2001年,比利时恐龙学家哥德弗洛伊特等将原命名满洲龙的化石重新命名为嘉荫卡龙(*Charonosaurus jiayinensis*)(图3-47)。但我国学者仍然认为保留原满洲龙命名为宜。

在这期间,赵喜进指导装架两具恐龙骨架,藏于伊春小兴安岭恐龙博物馆;黑龙江嘉荫神州恐龙博物馆在建设地质公园时进行了小规模发掘,并组装了两具恐龙骨架。

图3-45 伊春地质博物馆展出的满洲龙恐龙骨架

图3-46 黑龙江省地质博物馆展出的巨型满洲龙恐龙骨架

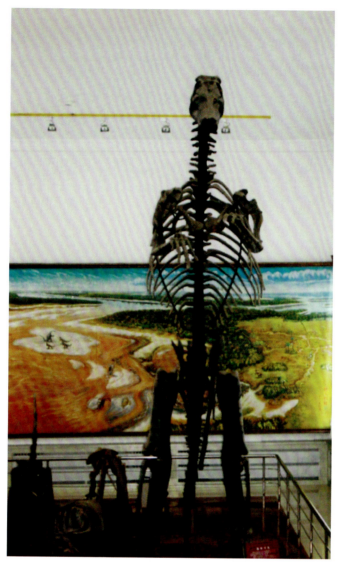

图 3-47 保存在吉林大学的嘉荫卡龙恐龙骨架

二、早白垩世鸡西恐龙生物群

20世纪80年代末期就有关于鸡西地区早白垩世恐龙研究工作的报道,在鸡西东海煤矿发现恐龙化石、龟化石、鱼化石,后来又有传闻穆棱河南岸发现恐龙化石。2005年,周兴福等在鸡西市南郊的猴石沟组地层中发现了疑似恐龙化石、龟化石;2007年,黑龙江省地质博物馆海树林在同一地点发现鳖类化石;2013年,黑龙江省区域地质调查所又在同一地点发现小型兽脚类?恐龙化石,同时,在另一处采石场发现恐龙尺骨化石。至此揭开了鸡西地区恐龙生物群面纱。

鸡西恐龙生物群化石产在桦山群猴石沟组的上部层位。猴石沟组是一套河湖相碎屑沉积,下部砾岩段以黄褐色砾岩、砂砾岩为主,夹长石砂岩及泥质粉砂岩;上部砂岩段为灰白色、黄绿色、灰黄色砂岩、含砾砂岩与页岩互层,夹砾岩及凝灰质砂岩,局部见薄层煤。产双壳类、介形虫及植物化石。双壳类主要为 *Trigonioides - Plicatouni - Nippononaia* 组合分子,介形虫见蒙古介及玻璃介等,植物出现被子植物小叶菱、悬铃木等。时代为早白垩世晚期。

据报道，鸡西恐龙化石产地共7处，其中，原黑龙江省区域地质调查所发现1处，原黑龙江省地质调查研究总院发现1处，剩余产地均由鸡西博物馆提供。产地如下：

①早白垩世鸡西市裕丰村五队恐龙化石产地（新发现产地）（图3-48）；
②早白垩世鸡西市梨树猴石沟恐龙化石产地；
③早白垩世鸡西市东海恐龙化石产地；
④早白垩世鸡西市西郊乡三合村恐龙化石产地；
⑤早白垩世穆棱河南岸猴石沟组恐龙化石产地；
⑥早白垩世鸡西市乌拉草沟振兴采石场恐龙化石产地；
⑦早白垩世鸡西市柳毛裕丰采石场恐龙化石产地。

图3-48　早白垩世鸡西市裕丰村五队恐龙化石产地

上述7处化石点中，只有2处可确定产于桦山群猴石沟组，其他5处尚无法确定是产于鸡西群，还是产于桦山群。

20世纪80年代末，在鸡西东海煤矿发现的恐龙化石、龟化石：1986年，马绍良将产自煤层中的龟化石命名为东海满洲龟（*Manchurocheoys donghai*），将满洲龟属拓展为3个种：满洲龟（*Manchurochellys manchuensis*）和辽西满洲龟（*Manchurochelys liaoxiensis*）和东海满洲龟（*Manchurocheoys donghai*）（图3-49）。

产自猴石沟组的鱼类化石，因化石头部缺陷，从臀鳍、尾鳍、硬鳞初步判定为全骨鱼次亚纲弓鳍鱼类。

从采石场采集到的恐龙化石长10cm，直径3cm，骨骼内部骨髓部分形成了褐色蜂窝状圆柱体，而褐黑色表皮则环绕蜂窝状圆柱体，形成一个完整恐龙尺骨化石（图3-50）。从化石形态可判断骨骼应是草食类恐龙肢体的一部分。原黑龙江省区域地质调查所采到的裕丰五队恐龙化石，经"恐龙王"——中国科学院古人类与古脊椎动物研究所董枝明教授鉴定：可能是小型兽脚类恐龙。

1.鳖；2.东海满洲龟背部；3.东海满洲龟腹部；4.小型兽脚类恐龙骨骼。

图 3-49 产自鸡西的化石

图 3-50 采石场采到的恐龙化石

鸡西恐龙生物群目前采集到的化石有恐龙化石、龟类化石,由鸡西博物馆收藏,鱼类化石、鳖类化石由黑龙江省地质博物馆收藏。

从地层单位序列表(表3-1)中可见,恐龙化石由南至北、由下至上在白垩纪穿越了黑龙江省,嘉荫恐龙生物群所产恐龙化石正是晚白垩世的马斯特里赫特中期—赛诺曼期,而鸡西恐龙生物群所产恐龙化石是早白垩世,层位和期次尚不十分明确,但是可以确定的是,鸡西有2处恐龙化石是产在桦山群猴石沟组中,相当于阿尔布期。东海煤矿产出的龟化石和恐龙化石赋存在煤层中,对恐龙的赋存时代暂没有进行研究,而龟化石在三叠纪—古近纪地层都有出现,时限较长,从其化石图版、外观和产地可以确定,龟化石应产自鸡西群某个含煤地层组中,需要进一步发掘和研究,找准其含煤地层组,即可证明鸡西恐龙活动的时限。

表3-1 地层单位序列表

时代			嘉荫地层小区		鹤岗—东宁地层小区		化石说明
白垩纪	晚白垩世	马斯特里赫特期				富饶组	产植物和孢粉化石
				渔亮子组			黑龙江满洲龙;董氏乌拉嘎龙;嘉荫卡龙;鄂伦春黑龙;暴龙类恐龙牙齿
		坎潘期	嘉荫群	太平林场组	桦山群	海浪组	产叶肢介、介形虫植物和孢粉化石
		三冬期		永安村组			
		康尼亚克期					产介形虫、叶肢介和植物、孢粉化石;姜氏嘉荫龙足迹化石
		土仑期		—			
		赛诺曼期					
	早白垩世	阿尔布期		淘淇河组		猴石沟组	产植物、孢粉和双壳类、介形虫化石;恐龙足迹化石、恐龙化石?
		阿普特期		甘河组	鸡西群	东山组	产双壳类、鱼和植物化石
		巴雷姆期		建兴组		穆棱组	产植物化石、恐龙化石?
		欧特里夫期		—			
		凡兰吟期		宁远村组		城子河组	产丰富的植物和淡水双壳类化石;恐龙化石?

鸡西恐龙的发现,为黑龙江省提供了1处利用生物地层学基本原理研究地史时期恐龙发展演化规律、恐龙的迁移、地理隔离等新的重要的科研场所。中国科学院古人类与古脊椎动物研究所董枝明教授认为,此区域恐龙的发现对中国东北部白垩纪恐龙的系统演化、古地理分布、灭绝以及哺乳动物的兴起等方面的研究,均具有重大价值。化石群不仅为研究恐龙生活环境和古生物类别提供了重要依据,也为我国古生物学、古生态学、古地理学、古气象学等学科提供了珍贵的实物资料(附录三)。

第八节 晚白垩世—古新世嘉荫植物群

迄今发现的晚白垩世嘉荫地区植物群主要是晚白垩世中、晚期的植物群,时代为桑顿期—马斯特里赫特期,距今85—66Ma。这些植物化石的发现为研究嘉荫地区地层划分与对比、恢复古地理古气候等提供了宝贵的依据。

白垩纪是一次全球性生物大变革时期。早白垩世时期,植物界面貌基本和侏罗纪晚期一致,但出现了一类重要植物——被子植物;晚白垩世时期,被子植物发展迅速,基本接近新生代古近纪的植物面貌;典型的中生代裸子植物则趋向衰亡;动物界中爬行动物达到极盛时期,到白垩纪末期,恐龙等形体巨大的爬行动物相继灭绝;淡水型的全骨鱼类继续发展,真骨鱼类开始昌盛;陆生无脊椎动物中,淡水双壳类、叶肢介、介形虫和昆虫等进一步发展;海生无脊椎动物中,菊石类和箭石类仍然繁盛,并有新的发展,到白垩纪末期,有将近半数的生物灭绝,其中恐龙、菊石和某些蛤类全部灭绝,形成地球历史上罕见的生物大灭绝事件。

晚白垩世时期,黑龙江省嘉荫地区生物特征:恐龙分梯次逐渐消亡;叶肢介、介形虫和鱼类特别繁盛;被子植物的发展由弱到强,特别是开花结果的被子植物广泛发育,代替裸子植物,成为嘉荫大地上的优势类群;裸子植物和蕨类植物发展由强到弱。

我国古生物学家孙革带领的多国科学家科研团队于2002—2011年对嘉荫地区进行了系统研究,经全面分析化石和孢粉资料,将嘉荫植物群划分为晚白垩世植物群和古新世植物群两大群落。

一、晚白垩世植物群

(一)晚白垩世植物化石组合

迄今已知的嘉荫地区晚白垩世植物群最早的组合为永安村植物组合($Parataxodium$ - $Quereuxia$ 组合),主要产于嘉荫永安村一带沿黑龙江右岸出露的永安村组。永安村组分上下两部分,植物化石主要产于该组的中上部,部分产于中下部。上部主要为黄褐色具交错层砂岩、灰绿色砂岩及浅褐色、灰色粉砂岩和泥岩,厚约166m。植物化石主要发现以下3层(图3-51)。

图 3-51 永安村组化石产地

(1) YN-1:距永安村组顶界 165m 出露,产植物化石的岩石主要为厚约 2m 的暗灰色页岩。

(2) YN-2:距永安村组顶界 115～120m 出露,产于灰色粉砂岩中。

(3) YN-3:中下部化石层,是近期新发现,产植物化石的岩石主要为灰黄色砂岩及粉砂岩,局部夹深灰色泥岩,砂岩也具有交错层理,含较丰富的植物化石和双壳类化石等。

永安村组植物化石迄今共发现 13 属 16 种以上,以松柏类和被子植物占优势,包括有节类、真蕨类、银杏类、松柏类和被子植物等(图 3-52、图 3-53)。主要组成如下。

蕨类植物:

Equisetales:*Equisetites* sp.;Filicales、*Asplenium dicksonianum* Heer。

裸子植物:

Ginkgoales:*Ginkgo adiantoides*(Ung.)Heer、*Ginkgo pilifera* Samylina。

Coniferales:*Pityospermum minutum* Samylina、*Cupressinocladus sveshnikovae* Ablajev、*Cupressinocladus* sp.、*Parataxodium* sp.、*Sequoia* sp.、*Metasequoia disticha*(Heer)Miki、*Glyptostrobus* sp.。

被子植物:

Trochodendroides arctica(Heer)Berry、*Trochodendroides lanceolata* Golovneva、*Celastrophyllum* sp.、*Quereuxia angulata*(Newb.)Krysht.、*Cobbania corrugata*(Lesq.)Stockey et al.、*Nyssidium* sp.。

孙革等将永安村组植物组合称为 *Parataxoidum - Quereuxia* 组合,时代定为晚白垩世;孢粉化石形成时代为桑顿期。孙革等(2014)认为,本组合时代不排除为桑顿晚期—坎潘早期。

1. *Glyptostrobus* sp.;2. *Metasequoia disticha*;3. *Cupressinocladus* sp.;4. *Parataxodium* sp.。

图 3-52　永安村组植物化石 1

1. *Quereuxia angulata*; 2. *Trochodendroides arctica*; 3. *Celastrophyllum* sp.; 4. *Ginkgo adiantoides*。

图 3-53　永安村组植物化石 2

（二）太平林场植物组合

嘉荫地区晚白垩世植物群中晚期的第二个组合为太平林场组植物组合（*Metasequoia - Trochodendroides - Cobbania* 组合）。太平林场组主要沿嘉荫以西约 9km 的黑龙江右岸太平林场以及嘉荫至乌云公路两侧一带出露，为典型的湖相沉积。该组分上、下两部分：下部主要为深灰色页岩，产介形虫和叶肢介等化石；上部主要为褐灰色粉砂岩，产丰富的植物化石（图 3-54）。本组上部主要发现两层化石：

图 3-54　太平林场组化石产地

(1) TP-1：距太平林场组顶界约 16m 出露，产于厚约 0.5m 的粉砂岩中，已发现的植物化石以水生被子植物为主。

(2) TP-2：距太平林场组顶界约 5m 出露，产于厚约 0.8m 的暗灰色粉砂岩中，化石十分丰富，以被子植物为主，但多为印痕化石。

太平林场组植物化石迄今共发现约 27 属 38 种，包括苔藓类、有节类、蕨类、银杏类、松柏类和被子植物等，被子植物 12 属 21 种，已占优势（58%）；松柏类 9 属 10 种，也占较大比例（26%）。各分类群具体名单如下（图 3-55、图 3-56）。

苔藓植物：

Thallites sp.、*Equisetales*、*Equisetites* sp.、*Filcales*、*Asplenium dicksonianum* Heer、*Arctopteri* sp.、*Cladophlebis* sp.。

裸子植物：

Ginkgoales：*Ginkgo pilifera* Samylina、*Ginkgo adiantoides* (Ung.) Heer。

Coniferales：*Larix* sp.、Cf. *Podocarpus tsagajanicus* Krassilov、*Pityospermum minutum* Samylina、*Cupressinocladus sveshnikovae* Ablajev、*Cupressinocladus* sp.、*Parataxodium* sp.、*Taxodium olrikii* (Heer) Brown、*Sequoia* sp.、*Metasequoia disticha* (Heer) Miki、*Glyptostrobus* sp.。

1、2. *Beringiaphyllum* sp.；3. *Sequoia* sp.。

图 3-55　太平林场组植物化石 1

被子植物：

Trochodendroides arctica（Heer）Berry、*Trochodendroides taipinglinchanica* Golovneva，Sun et Bugdaeva、*Trochodendroides micrordentata* Gol.，Sun et Bugd.、*Trochodendroides lanceolata* Colovn.、*Platanus densinervis* Zhang、*Platanus sinensis* Zhang、"*Platanus*" raynoldsii（Newb.）Brown.、*Platanus* sp.、*Pterospermites orientalis* Zhang、*Pterospermites heilongjiangensis* Zhang、*Vibernum* cf. *contortum* Lesq.、*Nordenskioideia* cf. *borealis* Heer、*Arthollia tschernyschewii* Gol.、*Arthollia* sp.、*Celastrinites kundurensis* Gol.、*Celastrinites* sp.、*Viburnophylllum* sp.、*Araliaephyllum*? sp.、*Cobbania corrugata*（Lesq.）Stock. Rothw. et Johns.、*Quereuxia angulata*（N‐ewb.）Krysht.、*Nelumbo* sp.。

1. *Trochodendroides taipinglinchanica*；2. *Arthollia tschernyschewii*。

图 3-56　太平林场组植物化石 2

孙革等将太平林场组植物组合称为 *Metasequoia - Trochodendroides - Cobbania* 组合，认为其形成时代属于晚白垩世坎潘期，孢粉化石研究与植物化石研究意见一致，认为其形成时代为坎潘期。

俄罗斯结雅-布列亚盆地含晚白垩世植物群的是扎维金组（Zavitin Formation）上部及其相当层位昆都尔组（Kundur Formation）。昆都尔组上部植物组合与太平林场组植物组合十分相似，至少含 20 个共同的分类群，如 *Ginkgo pilifera*、*Sequoia* sp.、*Metasequoia* sp.、*Cupressinocladus* sp.、*Trochodendroides lanceolata*、*Trochodendroides taipinglinchanica*、*Arthollia* sp.、*Celastrinites kundurensis*、*Quereuxia angulata*、*Cobbania corrugata* 等。昆都尔的 Platanoids 更丰富些。昆都尔与太平林场植物群中最具地层意义的是 *Ginkgo pilifera*、*Cobbania corrugata* 和 *Celastrinites* 3 个分类群。其中：*Ginkgo pilifera* 最晚不超过坎潘期；*Celastrinites* 首见于桑顿期，但在马斯特里赫特期最具特征，该属的 *Celastrinites septentrionalis*（Krysht.）Golovn. 种在科尼亚克高原繁盛于马斯特里赫特中期的喀卜诺特组（Kakanaut Formation），该组也产恐龙；*Cobbania corrugata* 在北美常见于坎潘期—马斯特里赫特期，在西伯利亚北部哈坦伽河地区也见于坎潘早期；那里该层位曾同时发现有坎潘早期的海相双壳类 *Inoceramus patootensiforms*。昆都尔与太平林场植物群就植物化石显示的时代为坎潘期或坎潘期—马斯特里赫特期，但考虑到其上为含恐龙的渔亮子组和下查加扬组，其时代为马斯特里赫特早中期，因此，太平林场植物群和昆都尔植物群晚期组合的时代应为坎潘期—马斯特里赫特早期，但结合孢粉研究结果，时代定为坎潘期更合适些。在东北亚地区，与太平林场和昆都尔植物群相似的植物群有库页岛的宗克尔植物群（坎潘早期）；科尼亚克高原的巴里科夫植物群（桑顿期—坎潘早期）以及穆梯诺植物群（坎潘早期）、西姆植物群（坎潘期）等。

太平林场植物群与库页岛的宗克尔植物群相似,但后者具有更多的喜热分子,包括苏铁类和具全缘及革质叶子的被子植物(如 *Myrtophyllum*、*Magnoliaephyllum* 等)。与更北些的科尼亚克高原巴里科夫植物群相比,后者具有更多的喜热分子,因此,太平林场植物群似更接近于西伯利亚北部的坎潘期暖温带植物群,而与滨太平洋的喜热植物群有一定差别。说明嘉荫地区太平林场植物群在晚白垩世坎潘期的地理位置更偏于内陆且热量略高。

虽然太平林场植物组合一些组分与永安村组较为相似(如蕨类、银杏类及松柏类等),但太平林场组合中的被子植物分子明显增加(已达58%),说明从晚白垩世中晚期开始,被子植物的特征在逐渐向新生代的特征过渡。

纵观黑龙江嘉荫地区晚白垩世植物群,主要是以蕨类、银杏类、松柏类及被子植物为组成成分,其中:在桑顿期阶段(以永安村组植物组合为代表),松柏类和被子植物共同占优势;至坎潘期阶段(以太平林场组植物组合为代表),被子植物逐渐更占优势(已达58%),松柏类逐渐退居第二位(约占26%),说明被子植物更向优势发展。从整个嘉荫地区晚白垩世植物群的组成成分看,其中喜温喜湿植物占较大比例(如蕨类和银杏类等),松柏类中既有常绿组分(如红杉、柏型枝等),又有落叶组分((如落叶松、落羽杉、水松、水杉等);被子植物主要以落叶、阔叶为主。因此,嘉荫地区晚白垩世植物群应为距海不远、偏于内陆的暖温带—温带常绿针叶及落叶、阔叶混交林植被,代表暖温带—温带气候类型。从大量水生被子植物(如葛赫叶、卡波叶等)的存在看,嘉荫地区晚白垩世水体丰富、雨量较为充沛,为植物生长提供了良好条件。当然,这些水生被子植物或许也是植食的鸭嘴龙类恐龙的食物来源之一。

嘉荫地区晚白垩世植物群的另一个特点是,出现了一些既在晚白垩世出现,又在古近纪出现的分子,如似昆栏树、悬铃木、白令叶等。当然,植物群中的一些属种,如 *Celastrinites*、*Arthollia*、*Quereuxia* 及 *Cobbania corrugata* 等,迄今已知仅在白垩纪中晚期出现,而于白垩纪末期灭绝。因此,嘉荫地区晚白垩世植物群可视为处于被子植物自中生代晚期向新生代发展的"过渡阶段"。晚白垩世之后,我国嘉荫乃至整个东北地区的被子植物进入新生代发展阶段,其特征与现代被子植物植被特征逐渐接近。

(三)晚白垩世孢粉

黑龙江嘉荫地区晚白垩世孢粉化石十分丰富,这些化石为研究嘉荫地区晚白垩世的地层划分与对比、晚白垩世生物演化,特别是确定晚白垩世—古近纪地层界线等发挥了重要作用。

中国学者对嘉荫地区孢粉化石的研究主要集中在20世纪80—90年代,孢粉专家刘牧灵(1990)曾发表有关嘉荫地区富饶组的孢粉化石研究成果,提出富饶组应属于晚白垩世(马斯特里赫特期)至古新世(达宁期)的过渡,为后来在嘉荫地区正确确定晚白垩世—古近纪地层界线奠定了重要基础。此后,孢粉学专家王鑫甫和曹流(1999)曾研究过嘉荫地区渔亮子组的晚白垩世孢粉化石,丰富了嘉荫地区晚白垩世晚期孢粉研究内容。自2001年以来,黑龙江省地质博物馆在实施嘉荫恐龙地质公园旅游开发与保护项目时,系统采集了永安村组、太平林场组、渔亮子组孢粉化石,经鉴定后又有了新认识(鉴定者丁秋红)。以玛尔凯维奇、阿什拉夫、尼科斯等为首的孢粉学专家们对嘉荫地区晚白垩世孢粉化石群开展了新一轮研究,取得了突破性成果(孙革等,2014)。

嘉荫地区晚白垩世孢粉化石群可划分为5个孢粉组合,年代自新至老分别是:

Ⅴ:*Aquilapollenites conatus - Pseudoaquilapollenites striatus* 组合,以富饶组为代表,时代为马斯特里赫特晚期。

Ⅳ:*Wodehouseia aspera - Parviprojectus amurensis* 组合,以渔亮子组上段为代表,时代为马斯特里赫特中期。

Ⅲ:*Aquilapollenites amygdaloides - Gnetaceaepollenites evidens* 组合,以渔亮子组下段为代表,时代为马斯特里赫特早期。

Ⅱ：*Aquilapollenites conatus - Podocarpiditesmultesimus* 组合，以太平林场组为代表，时代为坎潘期。

Ⅰ：*Kuprianipollis santaloides - Duplosporisborealis* 组合，以永安村组为代表，时代为桑顿期。

二、古新世植物群

嘉荫地区古新世植物群十分发育，主要以植物（包括孢粉）化石为代表。这些化石反映出恐龙灭绝后的生物群又一次大规模复苏。嘉荫地区古新世生物群主要可划分为白山头段和乌云含煤段两个生物组合。

（一）白山头段生物组合

自 2002 年起，孙革等在乌云白山头附近的乌云组下部白山头段，发现大量植物化石及孢粉化石，植物化石主要包括 *Ginkgo adiantoides*（Ung.）Heer、*Taxodium olrikii*（Heer）Brown、*Tiliaephyllum tasgayanicum*（Krysht. et Baik.）Krassilov、*Archaeampelos acerifolia*（Newb.）Berry、*Beringiaphyllum cupanioides*（Newb.）Manchester et al.、*Platanus raynoldsii* Newb.、*Platanus* sp.、*Trochodendroides arctica*（Heer）Berry、*Nyssa* sp. 等（孙革等，2005）。其中，*Tiliaephyllum tasgayanicum* 为俄罗斯查加扬植物群达宁期的典型分子，具有标志性的意义（孙革等，2005）。

乌云组白山头段的孢粉化石显示为 *Triatriopollenites confuses - Aquilapollenites spinulosus* 组合。这一孢粉组合以蕨类孢子和裸子植物花粉为主，占整个孢粉组合约53%；孢子中以光面单缝孢（*Laevigatosporites*）和较平滑的三缝孢为主。孢子植物花粉十分丰富，部分样品可达 42%；主要代表性的分子有 *Triatriopollenites confusuz* Zakl.、*Triatriopollenites plicoides* Zakl.、*Triatriopollenites plicatus* Krutz.、*Juglanspollenites* sp.、*Caryapollenites* sp.、*Carya gracilis* Mart.、*Pterocaryapollenites* sp. 等；*Aquilapollenites* 只有少数几个种，*Wodehouseia* 几乎很少见到。这一孢粉组合的时代为典型的古新世达宁早期。整个组合的代表性分子为 *Triatriopollenites confusuz*、*Momipites tenuipolus* Anders、*Rhoipites pissinus* Stanl.、*Anacolosidites subtrudens* Sakl.、*Aquilapollenites spinulosus*、*Aquilapollenites proceros* 等。其中，时代仅限于达宁早期的孢粉主要有 *Triatriopollenites confusuz*、*Triatriopollenites plicoides*、*Aquilapollenites spinulosus*、*Aquilapollenites subtillis* 等。

（二）乌云含煤段生物组合

乌云组上部（含煤段）的植物化石十分丰富，以被子植物为主，裸子植物水杉、银杏等亦有一定数量（图3-57）。孙革等发现的主要分子有 *Tallites* sp.、*Equisetum* sp.、*Ginkgo adiantoides*（Ung.）Heer、*Ginkgo jiayinensis* Quan、*Glyptostrobus nordenskioldii*（Heer）Brown、*Metasequoia accidentalis*（Newb.）Channy、*Tiliaephyllum tsagajanicum*（Krysht. et Baik.）Krassilov、*Archaeampelos acerifolia*（Newb.）Berry、*Beringiaphyllum cupanioides*（Newb.）Manchester et al.、*Myrica* sp.、*Betula* sp.、*Nuphar burejense* Krassilov、*Nyssidium arcticum*（Heer）Iljinskaja、*Platanus raynoldsii* Newb.、*Platanus* sp.、*Trochodendroides arctica*（Heer）Berry、*Trochodendrospermum arcticum*（Brown）Krassilov、*Ulmus furcinervis*（Bors.）Ablajev 等（孙革等，2005）（图3-58、图3-59）。

乌云组上部（含煤段）的孢粉化石显示为 *Triatriopollenites plicatus - Taxodiaceaepollenites* 组合，代表性分子主要有 *Triatriopollenites plicatus*、*Aquilapollenites spinulosus* Funkh.、*Ulmoideipites krempii* Anders.、*Quercuspollenites* sp. 以及 *Taxodiaceaepollenits* 等，时代为古新世中—晚期。

图 3-57 嘉荫乌云煤矿古新世乌云组上部(含煤段)

1、2. *Archaeampelos acerifolia*；3. *Myrica* sp.；4. *Betula prisca* Ett.；5. *Trochodendroides* sp.；6. *Betula schmidtii*；7. *Beringiaphyllum* sp.；8. *Beringiaphyllum cupanioides* sp.；9、10. *Ulmus furcinervis*。

图 3-58 乌云组含煤段植物化石

1～3. *Metasequoia accidentalis*；4. *Glyptostrobus nordenskioldii*。

图 3-59　乌云组含煤段裸子植物

第九节　第四纪哺乳动物群

在距今 26 万—1 万年前这段时期，在亚洲、欧洲及北美阿拉斯加州等地分布着第四纪哺乳动物群，是具有冰缘环境气候特征和生态标志的古生物群落；在我国则分布在北纬 35°以北的华北、东北地区（图 3-60）。它们是地球发展演化到这个时期生活在寒冷地区的代表性动物，因旧石器时代人类共同生活在同一地域成为人类捕食的对象。

图 3-60 黑龙江省第四纪哺乳动物化石分布简图
注:大兴安岭地区行政公署驻内蒙古自治区加格达奇。

本哺乳动物群主要赋存于顾乡屯组地层中。顾乡屯组分布于东部高平原的松花江、呼兰河、阿什河、拉林河、乌裕尔河等河谷,并延至区外,为黑龙江省最早研究的第四纪地层。自20世纪30年代起,于顾乡屯组发现大批哺乳动物化石,引起中外地学工作者的关注,并进行了实地考察。该组研究程度较高。顾乡屯组发育冷湿冰缘环境的披毛犀—猛犸象动物群,化石是原生的,具重要的古气候环境意义。已发现有哺乳动物45种以上、鸟类2种、鱼鳖类1种、鱼类4种、软体动物10种等,且化石出土层位有规律性,下部层位以水生软体动物为主,未发现大型哺乳动物化石;中部层位产丰富的哺乳动物化石,主要有啮齿类、食肉目、偶蹄类;上部层位产出较干旱草原类型哺乳动物化石。第四纪哺乳动物群主要出现在中—上部层位。

本哺乳动物群是中国最北部的一个动物地理区,它的分布随着研究进展,从最初的哈尔滨周边拓展到松嫩平原,直至大兴安岭、小兴安岭、三江平原,乃至遍布龙江大地。最富有代表性的种类有哺乳类:真猛犸象(*Mammuthus primigenius*)(图 3-61～图 3-68)、松花江猛犸象[*Mammuthus*(*Parelephas*)*sungaqri*]、梅氏犀(*Dicerorhinus merki*)、披毛犀(*Coellodonta antiquotatis*)(图 3-69～图 3-76)、北方狐(*Coelodonta antquatatis*)、麋鹿(*Elaphurus meuziesianus*)、驼鹿(*Alces alcess*)、最后斑鬣狗(*Crocuta ultima*)

(图3-77~图3-79)、河套大角鹿(*Megaloceros ordosianus*)、斑鹿(*Pseudaxis*)、东北马鹿(*Cervus xanthopygus*)(图3-80)、原始牛(*Bos primigenius*)、东北野牛典型亚种(*Bison exiguus exiguus*)(图3-81~图3-90)、东北野牛哈尔滨亚种(*Bison exiguous harbinensis*)、王氏水牛(*Bubalus wansjocki*)(图3-91、图3-92),普氏野马(*Equus przewalshyi*)(图3-93~图3-97)、原始牛(*Bos primigenius*)(图3-98)、野驴(*Equus hemionus*)、普氏羚羊(*Gazella przewalskyi*)、裴氏转角羚羊(*Spiroxerus peii*)(图3-99)、东北狍子(*Capreolus manchuricus*)(图3-100)、旱獭 *Marmota* 等。

从哺乳动物群生态环境看,处于冰后期的冷凉气候环境,受新构造间歇升降运动和古气候冷暖交替演变影响,形成了独特的古地理和古地貌。这种山地、森林、草原、湖泊、沼泽、河流形成了疏林——草原植物,养育了耐寒的动物组合。随着生态环境的改变,该动物群中的哺乳动物约有30%的物种已经绝灭。

近年来,在绥化市青冈县的德胜镇、永丰镇、迎春镇又相继发现多处哺乳动物化石产地,主要分布于通肯河分支小流域。其特点是化石产地集中成片,埋藏数量巨大,完整性好,化石物种多样性极高。代表化石有松花江猛犸象[*Mammuthus*(*Parelephas*)*sungaqri*]、梅氏犀(*Dicerorhinus merki*)、东北野牛哈尔滨亚种(*Bison exiguus harbinensis*)、原始牛(*Bos primigenius*)、王氏水牛(*Bubalus wansjocki*)、河套大角鹿(*Megaloceros ordosianus*)(图3-101)、普氏羚羊(*Gazella przewalskyi*)、中国鬣狗(*Hyaena sinensis*)、狼(*Canis lupus*)(图3-102、图3-103),野骆驼(*Camelus knoblochl*)(图3-104)等(表3-2)。

青冈第四纪哺乳动物化石产地处于稳定地质背景下湖沼相沉积地层中,沉积环境独特,完整地记录了晚更新世—全新世地质历史时期的古环境、古生态信息,是研究第四纪晚期以来环境变化的理想区域。

真猛犸象为长鼻目,真象科。真猛犸象身披浓密的长毛,背部的毛最长可达50cm,又称"毛象"。身高可达5m,体重可达10t,以草和灌木叶子为食。头骨比现代象短而高,上门齿长,向上弯曲,臼齿由许多齿板组成。皮下有一层厚约9cm的脂肪,背部脂肪最厚,形成一个驼峰似的隆起,这样的身体结构使它能适应寒冷地区的生活。在更新世晚期真猛犸象广泛分布于欧洲、亚洲和北美,在全新世初绝灭。它是北方猛犸象-披毛犀动物群主要成员,也是古人类狩猎的对象。

图3-61 真猛犸象骨架

图 3-62　真猛犸象门齿

图 3-63　猛犸象下颌骨

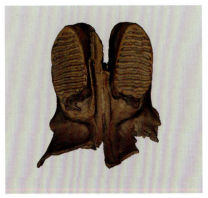

图 3-64　猛犸象臼齿　　　　　图 3-65　猛犸象寰椎

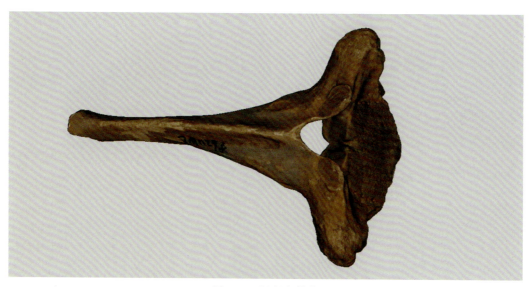

图 3-66 猛犸象椎骨

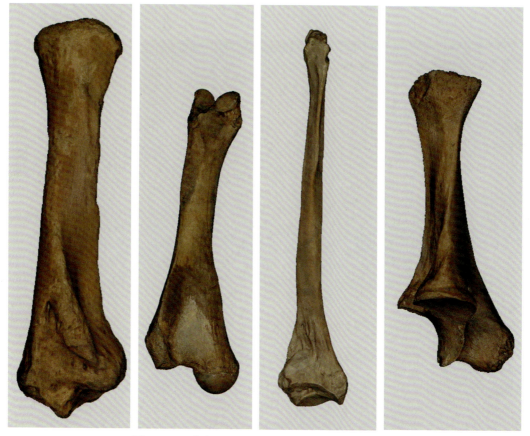

图 3-67 猛犸象胫骨、股骨、腓骨、尺桡骨（从左至右）

图 3-68　猛犸象盆骨

披毛犀为奇蹄目，犀科，双角犀亚科，一种灭绝的大型哺乳动物。头骨长而大，头部和颈部向下低垂。生活在更新世欧亚大陆和北非，其特征是身上披有长毛，额上和鼻上各长一支犀角，鼻角尤其长而大，向前倾斜伸出，有前后排列的双角。它是第四纪冰期的大型动物，生活时代距今170万—1万年，曾经和旧石器时代中晚期的古人类生存在相同的环境中，是古人类狩猎的对象。

图 3-69　披毛犀骨架

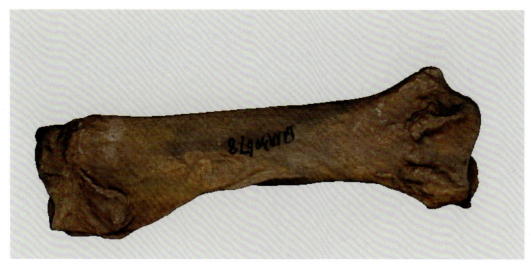

图 3-70　披毛犀尺骨

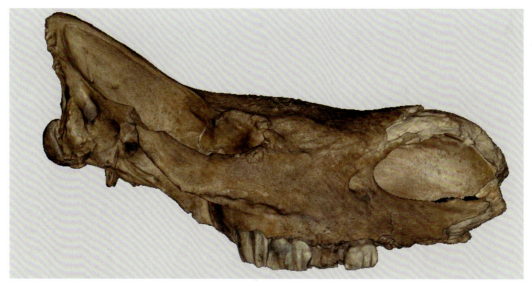

图 3-71　披毛犀头骨（侧面图）

图 3-72　披毛犀头骨（背面图）

图 3-73　披毛犀下颌骨

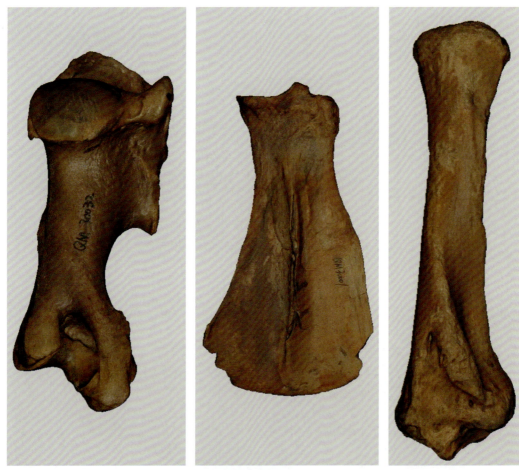

图 3-74　披毛犀肱骨、肩胛骨、胫骨（从左至右）

图 3-75　披毛犀颈椎、荐椎、盆骨（从左至右）

图 3-76　披毛犀胸椎

图 3-77　最后斑鬣狗头骨

图 3-78　最后斑鬣狗头骨背面

图 3-79 鬣狗头骨

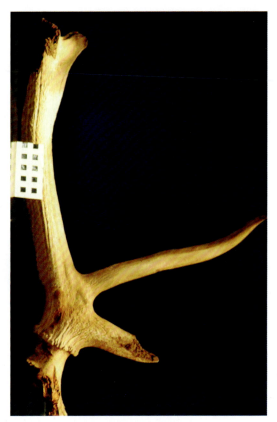
图 3-80 马鹿角

图 3-81 东北野牛哈尔滨亚种骨架

东北野牛哈尔滨亚种为偶蹄目,牛科,野牛属。角心粗短,在其长度的 1/3 处,显著向下倾斜,与额骨斗面呈 19°,尖端向上弯曲,角尖几乎与额骨面平行,横切面近圆形,角尖端不外旋,角基部有脊和纵沟,但不是很发育,额骨相当突起。牙齿结构与典型亚种基本相同。

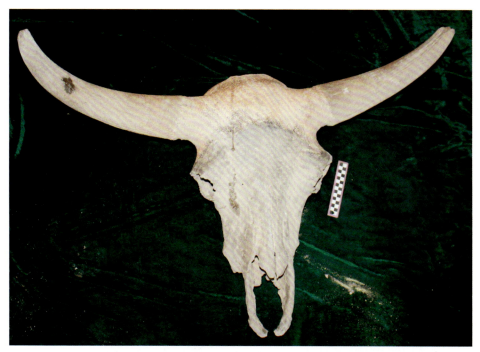

图 3-82　东北野牛头骨

图 3-83　东北野牛掌骨

　　　　　　　　　　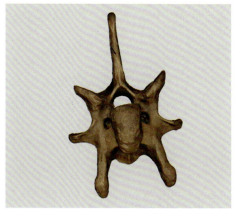

图 3-84　东北野牛颈椎 1　　　　　　图 3-85　东北野牛颈椎 2

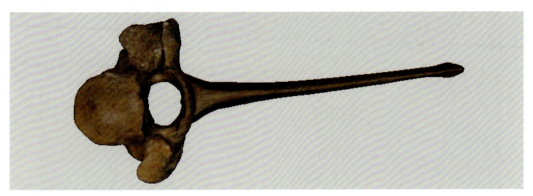

图 3-86　东北野牛胸椎

图 3-87　东北野牛尺桡骨

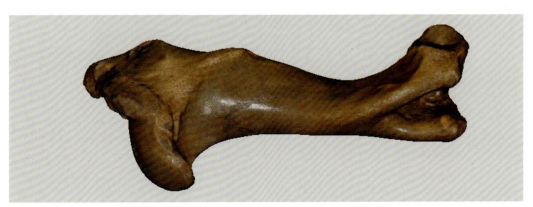

图 3-88　东北野牛肱骨

图 3-89　东北野牛胫骨

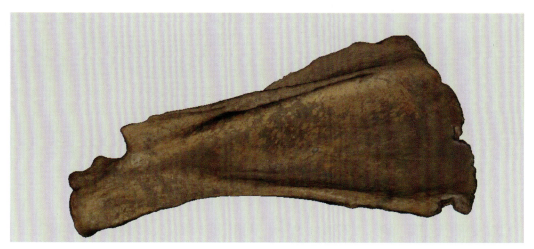

图 3-90　东北野牛肩胛骨

图 3-91　王氏水牛骨架

图 3-92　王氏水牛头骨

图 3-93　普氏野马骨架

图 3-94　普氏野马头骨俯视　　　图 3-95　普氏野马头骨背面

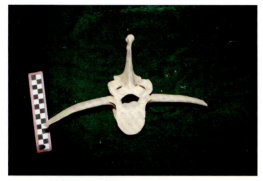

图 3-96　普氏野马腰椎

图 3-97　普氏野马蹄骨

图 3-98　原始牛骨架

图 3-99　裴氏转角羚羊角

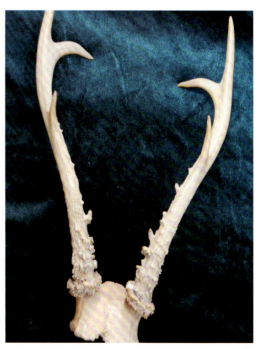

图 3-100　东北狍子角

图 3-101　河套大角鹿头骨

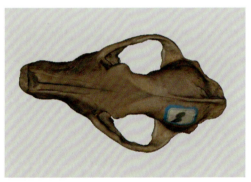

图 3-102　狼头骨正面

图 3-103　狼头骨背面

图 3-104　野骆驼骨架

表 3-2　青冈地区哺乳动物化石一览表

目	中文	拉丁文	目	中文	拉丁文
奇蹄目	普氏野马	*Equus przeualskii*	长鼻目	真猛犸象	*Mammuthus primigenius*
	野驴	*Equus hemionus*		松花江猛犸象	*Mammuthus(Parelephas) sungaqri*
	野马	*Equus*	食肉目	犬	*Canis* sp.
	梅氏犀	*Dicerorhinus merki*		狼	*Canis lupus*
	披毛犀	*Coellodonta antiquotatis*		洞熊	*Ursus spelaeus*
偶蹄目	野猪	*Sus scrofa*		棕熊	*Ursus arctos linnaeus*
	骆驼	*Camelus knoblochl*		巨鬣狗	*Dinocrocuta gigantea*
	麝	*Moschus* sp.		中国鬣狗	*Hyaena sinensis*
	河套大角鹿	*Megaloceros ordosianus*		最后斑鬣狗	*Crocuta ultima*
	东北马鹿	*Cervus xanthopygus*		猫	*Felis* sp.
	斑鹿	*Cervas Pseudaxis manchuricus*	兔形目	兔	*Lepus* sp.
	东北狍子	*Capreolus manchuricus*	啮齿目	水鼠	*Rusa* sp.
	王氏水牛	*Bubalus wansjocki*		东方河狸	*Castor orientalis*
	东北野牛典型亚种	*Bison exiguus exiguous*		鼢鼠	*Myospalax* sp.
	东北野牛哈尔滨亚种	*Bison exiguus harbinensis*		水田鼠	*Arvicola* sp.
	原始牛	*Bos primigenius*		田鼠	*Microtus* sp.
	普氏羚羊	*Gazella przewalskyi*		黄鼠	*Citellus* sp.

第四章 古生物化石的保护与管理

我国历来十分重视古生物化石保护工作，国务院于 2010 年出台了《古生物化石保护条例》，国土资源部于 2012 年出台了《古生物化石保护条例实施办法》。这两部法规为我国古生物化石保护工作提供了有力的法律保障。

第一节　古生物化石保护历史沿革

我国古人对古生物化石的认识和利用可以追溯到原始社会，在《新唐书》《梦溪笔谈》中都有关于化石的记载。但是，真正开始科学地认识古生物化石是从 19 世纪开始的。我国对古生物化石的研究和发掘始于 19 世纪中叶，一直延续到 20 世纪上半叶，国内大量的古生物化石资源基本被国外科学家采集，科研成果也基本被其占据。最著名的事件是 20 世纪初，俄罗斯人在黑龙江嘉荫发现满洲龙；20 世纪 20 年代，瑞典人安特生及其学生奥地利人师丹斯基发现了周口店猿人遗址，美国中亚考察团发现了二连浩特恐龙遗址，中瑞考察团在内蒙古和新疆也有重大发现。由于当时保护化石的意识不强，大量的珍贵化石流失海外。

1949 年前，我国的古生物化石采集、保护、研究工作基本是以国外科学家为先导、国内学者参与为主。1949 年后，随着全国大规模地质调查和勘探工作的开展，化石在科学研究、寻找矿产资源等方面的作用已被广泛认知，特别是 1978 年以后，化石已被延伸到文化发展、旅游开发、奇石收藏等领域，地位日益凸显，国家对于化石的保护也日益重视，但针对化石保护管理的制度还未有效建立，法律法规也不完善。

在 2000 年之前，国家颁布的涉及化石的法律规章有 3 部，即 1982 年颁布、1991 年修正的《中华人民共和国文物保护法》，第二条第五款规定了"具有科学价值的古脊椎动物化石和古人类化石同文物一样受国家保护"；1994 年出台的《中华人民共和国自然保护区条例》中规定，具有重大科学文化价值的地质构造、著名溶洞、化石分布区、冰川、火山、温泉等自然遗迹区应当建立自然保护区，并依照该条例中的规定实施保护和管理；1995 年颁布的《地质遗迹保护管理规定》中，将化石作为地质遗迹的重要组成部分进行保护。但是，这些法律法规关于化石保护方面的针对性不强、力度不够，覆盖面也有限，更缺少具体的保护措施。突出问题主要表现为：一方面，一些地方政府部门对化石的特殊价值认识不到位，对保护化石的重要性认识不够，没能做到有效保护，造成对化石资源和生态环境的破坏；另一方面，随着化石收藏热的出现，化石的经济价值不断显现，受经济利益驱动，社会上出现了乱采滥挖、非法走私等问题。

进入 21 世纪以来，化石保护法规标准逐步健全。2002 年 7 月，国土资源部发布了《古生物化石管理办法》。该办法确立了化石发掘、进出境等管理制度，在促进化石保护与管理工作中发挥了积极作用。2006 年，文化部出台了《古人类化石和古脊椎动物化石保护管理办法》，对古人类遗迹的保护做了明确规定。2010 年 9 月 10 日，国务院发布了《古生物化石保护条例》（简称《条例》）；2013 年 3 月 1 日《古生物化石保护条例实施办法》（简称《办法》）正式施行，我国的化石保护正式步入法治化轨道。

第二节　现行的古生物化石保护政策

目前,我国的现行古生物化石保护政策主要有两项,即《古生物化石保护条例》及《古生物化石保护条例实施办法》。

一、《古生物化石保护条例》

2010年时任总理温家宝签署国务院令第580号,正式颁布《古生物化石保护条例》。2011年1月1日,《条例》正式施行。

1. 主要内容和意义

《条例》共分六章45条,突出3个方面的重点内容:一是明确了化石的范围、保护原则和分类管理制度;二是充分发挥专家在化石保护中的作用;三是加强化石发掘管理、收藏管理和进出境管理。

《条例》的发布施行,对于提高人们保护化石的意识、规范人们保护化石的行为、发挥专家保护化石的作用,都具有重要意义。

《条例》是国务院颁布施行的行政法规,权威性高、覆盖面大,有利于提升各级政府、各级国土资源行政主管部门对化石保护工作重要性的认识,有利于加强全社会对化石保护工作的了解,有利于提高公众对化石保护工作的认知度和保护意识。

《条例》完善了化石保护制度,加强了监管力度,明确了法律责任,为规范政府管理提供了法规依据,为规范有关单位科研、发掘、收藏、展览等活动提供了准则,为规范公众行为提出了要求。

《条例》规定成立国家古生物化石专家委员会,明确了其职责、工作程序及专家意见的作用,保障了化石保护工作的科学决策。

2. 配套法规文件

为了贯彻落实好《条例》,国土资源部与国家古生物化石专家委员会办公室(简称国家化石办)在《条例》的基础上出台了《古生物化石保护条例实施办法》《国家古生物化石分级标准(试行)》《国家重点保护古生物化石名录》等配套文件。按照《条例》要求,国土资源部于2010年底成立了国家古生物化石专家委员会,制定了《国家古生物化石专家委员会章程》。为指导各省(自治区、直辖市)的古生物化石保护工作,国土资源部于2012年出台了《省级古生物化石保护规划编制指南》。这些配套文件对全国的古生物化石保护与管理工作起到了指导作用。

二、《古生物化石保护条例实施办法》

1. 颁布施行

依据《古生物化石保护条例》,国土资源部组织编制了《古生物化石保护条例实施办法》,并于2012年12月27日由时任国土资源部部长徐绍史签署国土资源部令第57号,正式发布,2013年3

月1日起施行。

2. 主要内容

《办法》围绕分级保护、发掘许可、进出境许可、收藏以及法律责任5个方面,制定了具体的实施细则。

(1)进一步明确了国土资源部、国家古生物化石专家委员会及其办公室、各级国土资源行政主管部门在化石保护管理工作中所承担的责任和义务。

(2)明确了化石发掘审批程序及申请材料、发掘单位的资质和权利义务。

(3)明确了化石流通和交易的条件,以及收藏单位间重点保护化石流通的法定程序。

(4)明确了化石进出境的申请、审批程序,规范化石进出境管理。

(5)对违反《条例》所承担的法律责任进行细化说明。

第三节 古生物化石管理

古生物化石管理包括发掘、收藏、流通和进出境。

一、发掘

(一)资质和条件

《条例》中明确规定,因科学研究、教学、科学普及或者对古生物化石进行抢救性保护等需要,方可发掘化石。《条例》所称发掘,指有一定工作面,使用机械或者其他动力工具挖掘化石的活动。申请发掘化石的单位应当符合下列条件:

(1)有3名以上拥有古生物专业或者相关专业技术职称,并有3年以上化石发掘经历的技术人员(其中至少有1名技术人员具有古生物专业高级职称并作为发掘活动的领队)。

(2)有符合化石发掘需要的设施、设备。

(3)有与化石保护相适应的处理技术和工艺。

(4)有符合化石保管需要的设施、设备和场所。

申请单位在提交申请时,应附以上证明材料、发掘项目概况以及经批准的发掘方案、发掘标本保存方案和发掘区自然生态条件恢复方案。

(二)发掘审批

《条例》和《办法》中明确规定,在国家级化石自然保护区内发掘化石,或者在重要化石集中产地、国家地质公园及其他区域发掘化石涉及重点保护化石的,应向国土资源部(现自然资源部)提出申请并取得批准;其他申请发掘化石的,应当向发掘点所在地的省(自治区、直辖市)人民政府自然资源主管部门提出申请并取得批准。

申请发掘古生物化石的单位,应当提交下列资料:

(1)古生物化石发掘申请表。

(2) 申请发掘古生物化石单位的证明材料,包括①单位性质证明材料,法定代表人身份证明。②3名以上技术人员的古生物专业或者相关专业的技术职称证书,及其3年以上化石的发掘经历证明。发掘活动的领队除应当提供3年以上化石的发掘经历证明以外,还应当提供古生物专业高级职称证书。③符合化石发掘需要的设施、设备的证明材料。④化石修复技术和保护工艺的证明材料。⑤符合化石安全保管的设施、设备和场所的证明材料。

(3) 古生物化石发掘方案,包括发掘时间和地点、发掘对象、发掘地的地形地貌、区域地质条件、发掘面积、层位和工作量、发掘技术路线、发掘领队及参加人员情况等。

(4) 发掘标本保存方案,包括发掘的古生物化石可能的属种、发掘的化石收藏权归属、收藏单位化石标本保存场所及其保存条件、收藏单位防止化石标本风化和损毁的保障措施等。

(5) 发掘区自然生态条件恢复方案,包括发掘区自然生态条件现状、发掘后恢复自然生态条件的措施、自然生态条件恢复工程量、自然生态条件恢复工程经费概算及其筹措落实情况。

(6) 法律法规规定的其他材料。

自然资源主管部门应当自受理申请之日起,3个工作日内将申请材料送至国家古生物化石专家委员会。国家古生物化石专家委员会应当自收到申请材料之日起,10个工作日内出具书面评审意见。评审意见应当作为是否批准发掘的重要依据。自然资源主管部门应当自受理申请之日起30个工作日内完成审查。符合规定条件,且具有经批准的化石发掘方案、发掘标本保存方案和发掘区自然生态条件恢复方案,予以批准;对不符合条件的,书面通知申请单位并说明理由。

国务院自然资源主管部门应当自受理发掘申请之日起5个工作日内,向发掘点所在省(自治区、直辖市)人民政府自然资源主管部门发送征求意见函。省(自治区、直辖市)人民政府自然资源主管部门应当听取古生物化石所在地设区的市、县级自然资源主管部门的意见,并在10个工作日内向国务院自然资源主管部门回复意见。

(三)规范发掘

发掘古生物化石应坚持法治化、规范化、科学化、开放化,严格贯彻落实《条例》和《办法》,遵照相关标准和要求,因地制宜,科学发掘,注重保护。

1. 中外合作发掘

外国人、外国组织因中外合作进行科学研究需要,方可在中华人民共和国领域和中华人民共和国管辖的其他海域发掘古生物化石,应当经国务院自然资源主管部门批准。中方合作单位必须具备《条例》中规定的发掘条件,发掘领队由中方人员担任,发掘的化石归中方所有。

如因科学研究和展览需要将古生物化石带出境的,要按照《条例》和《办法》中有关进出境的规定执行。

2. 发掘方案变更

《条例》中明确规定,古生物化石发掘单位应当按照批准的发掘方案进行发掘;确需改变发掘方案的,应当报原批准发掘的自然资源主管部门批准。《办法》中也进一步明确了法律责任:未经批准发掘古生物化石或者未按照批准的发掘方案发掘古生物化石的,县级以上人民政府自然资源主管部门责令停止发掘,限期改正,没收发掘的化石,并处以罚款。在国家级自然保护区、国家地质公园和重点保护化石集中产地内违法发掘的,处30万元以上50万元以下罚款;在其他区域内违法发掘的,处20万元以上30万元以下罚款。未经批准或者未按照批准的发掘方案发掘化石,构成违反治安管理行为的,由公安机关依法给予治安管理处罚;构成犯罪的,依法追究刑事责任。未按照批准的发掘方案发掘化石,情节严重的,由批准化石发掘的自然资源主管部门撤销批准发掘的决定。

3.零星采集

零星采集指使用手持非机械工具在地表挖掘极少量化石,同时,不对地表和其他资源造成影响的活动。在多数情况下,野外地质考察中的采集活动属于零星采集。《条例》规定,进行区域地质调查或者科学研究机构、高等院校等因科学研究、教学需要零星采集化石标本的,不需要申请批准,但是,应当在采集活动开始前将采集时间、采集地点、采集数量等情况书面告知化石所在地的省(自治区、直辖市)人民政府自然资源主管部门,采集的古生物化石的收藏应当遵守《条例》规定。对于零星采集,《办法》明确规定:零星采集活动的负责人应当在采集活动开始前向采集地点所在地的省(自治区、直辖市)人民政府自然资源主管部门提交零星采集化石告知书。有关省(自治区、直辖市)人民政府自然资源主管部门应当予以支持。采集单位应当按照零星采集化石告知书中的内容开展采集活动,确需改变零星采集计划的,采集活动的负责人应当将变更情况及时告知采集点所在地的省(自治区、直辖市)人民政府自然资源主管部门。

4.生产建设中发现化石的处理

《条例》规定,单位和个人在生产、建设等活动中发现化石的,应当保护好现场,并立即报告所在地县级以上地方人民政府自然资源主管部门。县级以上地方人民政府自然资源主管部门接到报告后,应当在 24 小时内赶赴现场,并在 7 日内提出处理意见。确有必要的,可以报请当地人民政府通知公安机关协助保护现场。发现重点保护化石的,应当逐级上报至国务院自然资源主管部门,由国务院自然资源主管部门提出处理意见。生产、建设等活动中发现的化石需要进行抢救性发掘的,由提出处理意见的自然资源主管部门组织符合规定条件的单位发掘。《办法》进一步明确了法律责任:单位或者个人在生产、建设活动中发现古生物化石不报告的,县级以上人民政府自然资源主管部门对建设工程实施单位处一万元以下罚款;造成化石损毁的,依法承担相应的法律责任。

二、收藏

(一)收藏单位的条件要求

《条例》明确规定,化石收藏单位应当符合下列条件:
(1)有固定的馆址、专用展室、相应面积的藏品保管场所。
(2)有相应数量的拥有相关研究成果的古生物专业或者相关专业的技术人员。
(3)有防止化石自然损毁的技术、工艺和设备。
(4)有完备的防火、防盗等设施、设备和完善的安全保卫等管理制度。
(5)有维持正常运转所需的经费。

(二)收藏单位获得化石的合法途径

《办法》明确规定,科研机构、高等院校、博物馆等化石收藏单位可以通过以下方式合法收藏重点保护古生物化石:
(1)依法发掘。
(2)依法转让、交换、赠予获得,或接受委托保管、展示。

（3）自然资源主管部门指定收藏。

三、流通

（一）收藏单位化石流通

1. 收藏单位重点保护化石流通

《办法》明确规定，收藏单位之间转让、交换或者赠予重点保护古生物化石的，应当向自然资源部提出申请，并提交以下材料：
（1）重点保护古生物化石流通申请表。
（2）转让、交换、赠予合同。
（3）转让、交换、赠予的古生物化石清单和照片。
（4）接收方符合规定的相应收藏条件的证明材料。

自然资源部应当在收到申请之日起20个工作日内做出是否批准的决定。在批准转让、交换或者赠予申请前，应当征求有关收藏单位所在的省（自治区、直辖市）人民政府自然资源主管部门的意见；批准申请后，应当将有关情况通报有关收藏单位所在的省（自治区、直辖市）人民政府自然资源主管部门。

2. 不再收藏化石的处理

收藏单位由于条件的限制等原因，对不再收藏的重点保护化石应当向自然资源主管部门提出处置方案，通常情况下是转给其他符合条件的国有收藏单位收藏。《办法》中明确规定，任何国有收藏单位不得将其收藏的重点保护化石转让、交换、赠予非国有收藏单位或者个人。

（二）一般保护化石交易

《办法》规定，一般保护化石的交易，应当根据省（自治区、直辖市）人民政府的规定，在县级以上地方人民政府指定的场所进行。县级以上地方人民政府自然资源主管部门应当加强对本行政区域内一般保护化石交易和流通的监管。

2016年1月8日，时任国土资源部部长姜大明签署了国土资源部令第64号，对《办法》中涉及一般保护化石的内容进行了修改，规定省级自然资源主管部门依据有关权限和程序，负责本行政区域内一般保护化石的发掘、进出境等相关事宜，而且，明确收藏单位不再收藏的一般保护化石可以依法流通。

四、进出境

（一）出境的条件

《条例》明确规定，未命名的化石不得出境。

重点保护化石因科学研究需要与国外有关研究机构进行合作的，或因科学、文化交流需要在境外进行展览的,经国务院自然资源主管部门批准,方可出境。一般保护化石经所在地省(自治区、直辖市)人民政府自然资源主管部门批准,方可出境。

(二)出境审批

1. 重点保护化石出境审批

《办法》明确规定,申请重点保护化石出境的单位或个人应当向自然资源部提交以下材料:

(1)化石出境申请表。
(2)申请出境的化石清单和照片,其中,清单内容主要包括标本编号、标本名称、重点保护级别、产地、发掘年代、发掘层位、标本尺寸和收藏单位等。
(3)外方合作单位的基本情况及资信证明。
(4)合作研究合同或者展览合同。
(5)出境化石的应急保护预案。
(6)出境化石的保护措施。
(7)出境化石的保险证明。
(8)自然资源部规定的其他材料。

申请重点保护化石出境的,国务院自然资源主管部门应当自受理申请之日起3个工作日内,将申请材料送至国家古生物化石专家委员会。国家古生物化石专家委员会应当自收到申请材料之日起10个工作日内,对申请出境的重点保护化石进行鉴定,确认化石的种属、数量和完好程度,并出具书面鉴定意见。鉴定意见应当作为是否批准重点保护化石出境的重要依据。国务院自然资源主管部门应当自受理申请之日起20个工作日内完成审查,符合规定条件的,做出批准出境的决定;不符合规定条件的,书面通知申请人并说明理由。需要说明的是,从2014年起,我国重点保护化石实行严格的档案登记和数据库管理制度。只有经过登记、取得化石编号的重点保护化石才允许出境。国家古生物化石专家委员会建立数据库,对出境的化石实行网上监控。

2. 一般保护化石的出境审批

申请一般保护化石出境的单位和个人应当向所在地省级人民政府自然资源主管部门提出申请,并提交化石出境申请表、申请出境的化石标本清单和照片,其中,清单内容主要包括标本名称、产地、标本尺寸和数量等。

省(自治区、直辖市)人民政府自然资源主管部门应当自受理申请之日起20个工作日内完成审查,同意出境的,做出批准出境的决定;不同意出境的,书面通知申请人并说明理由。

3. 出境的期限

申请重点保护化石出境,要明确两个期限:一是出境申请的有效期限,在该有效期限内要办理好出境的所有相关手续,并按法定程序将化石运送出境;二是化石在境外停留的期限。

《条例》明确规定,化石出境批准文件的有效期为90日;超过有效期出境的,应当重新提出出境申请。重点保护化石在境外停留的期限一般不超过6个月;因特殊情况确需延长境外停留时间的,应当在境外停留期限届满60日前向国务院自然资源主管部门申请延期,延长期限最长不超过6个月,即重点保护化石在境外停留时间最长不得超过一年。《办法》中规定,如果化石在境外停留时间超过批准期限的,批准出境的自然资源主管部门应当责令境内申请人限期追回出境的化石。

(三)进境复核

《条例》和《办法》明确规定,经批准出境的重点保护化石出境后进境的,申请人应当自办结进境海关手续之日起5日内,向自然资源部申请进境核查,提交化石进境核查申请表。国务院自然资源主管部门应当自受理申请之日起3个工作日内将申请材料送至国家古生物化石专家委员会。国家古生物化石专家委员会应当自收到申请材料之日起5个工作日内,对出境后进境的重点保护化石进行鉴定,并出具书面鉴定意见。鉴定意见应当作为重点保护化石进境核查结论的重要依据。

国务院自然资源主管部门应当自受理申请之日起15个工作日内完成核查,做出核查结论;对确认为非原出境重点保护化石的,责令申请人追回原出境重点保护化石。

(四)境外追索

1. 境外追索制度

《条例》明确规定,国家对违法出境的化石有权进行追索。国务院自然资源主管部门代表国家具体负责追索工作。国务院外交、公安、海关等部门应当配合国务院自然资源主管部门做好违法出境化石的追索工作。

2. 海关查获化石的处理

《条例》规定,运送、邮寄、携带化石出境的,应当如实向海关申报,并向海关提交自然资源主管部门的出境批准文件。对于携带疑似化石出境的,海关可以要求携带方到自然资源主管部门办理化石的确认文书。对未取得批准运输、邮寄、携带化石出境的,由海关依照有关法律法规处理。

海关依法没收的化石应当登记造册、妥善保管,并在结案后30个工作日内移交给同级自然资源主管部门。接受移交的自然资源主管部门应当出具接收凭证,并将接收的化石委托符合条件的收藏单位收藏。

对于境外海关查获的疑似我国化石的物品,《办法》中规定,由国家古生物化石专家委员会组织进行鉴定,如确认为违法出境的化石,自然资源部应当在国务院外交、公安、海关等部门的支持和配合下进行追索。追回的化石,由自然资源部委托符合条件的收藏单位收藏。

(五)国外化石进出境

对于国外化石入境,相关单位或个人必须持有化石所有者国家有关部门批准出境的文件方可入境,并需要向中国海关申报。入境的化石应当交由中国海关加封,由境内有关单位或者个人自进境手续办结之日起5日内,向国务院自然资源主管部门申请核查、登记。国务院自然资源主管部门核查海关封志完好无损的,逐件进行拍照、登记。临时进境的古生物化石进境后出境的,由境内有关单位或者个人向国务院自然资源主管部门申请核查。国务院自然资源主管部门应当依照《条例》第三十一条第二款规定,自受理申请之日起15个工作日内完成核查,对确认为原临时进境化石的,批准出境。境内单位或者个人从境外取得的化石进境的,应当向海关申报,按照海关管理的有关规定办理进境手续。

《办法》中明确了境外化石复出境核查所需的3份材料:一是境外化石复出境申请表;二是复出境化石清单及照片;三是自然资源部对该批化石进境的核查、登记凭证。

第四节　化石保护体系建设

一、自然资源部和国家古生物化石专家委员会

（一）自然资源部在古生物化石保护管理方面的职能

《条例》和《办法》明确规定，自然资源部负责全国化石保护的组织、协调、指导和监督管理，履行下列职责：

（1）依据法律、行政法规和国家有关规定，研究制定化石保护的规章制度、方针政策及有关技术标准和规范。

（2）组织国家古生物化石专家委员会，制定章程，保障国家古生物化石专家委员会依照《条例》开展工作，发挥专家的专业指导和咨询作用。

（3）组织制定国家分级标准、审查批准并分批公布重点古生物化石名录和国家古生物化石产地名录。

（4）按照规定的权限和程序审批古生物化石发掘、流通、进出境等相关事项。

（5）建立和管理全国的重点古生物化石档案和数据库。

（6）监督检查地方各级古生物化石保护和管理，依法查处重大违法案件。

（7）组织开展古生物化石科学研究、科普宣传和管理业务培训。

（8）法律法规规定的其他职责。

（二）国家古生物化石专家委员会

国家古生物化石专家委员会由主任委员、副主任委员及委员组成。主任委员1名，由自然资源部主管副部长担任；副主任委员4～6名，由自然资源部主管司局、国务院相关部门和古生物研究机构专家担任；委员若干名，由在地层古生物领域的知名学者和法学、骨理专家担任。委员会聘请部分院士和管理专家为顾问。每届委员会任期3年。委员会根据工作需要设立古脊椎动物、古无脊椎动物、古植物、古生物保护和古生物博物馆等专业委员会，在委员会领导下开展工作。

《办法》第六条明确规定，国家古生物化石专家委员会的主要职责：

（1）参与化石保护和管理的法律法规、规章制度和方针政策的制定。

（2）对重点化石集中产地保护规划出具评审意见。

（3）拟定化石保护和管理的有关技术标准和规范。

（4）拟定重点古生物化石名录和国家古生物化石产地名录。

（5）为建立国家级古生物化石自然保护区和涉及重点保护古生物化石的地质公园、博物馆等提供咨询服务。

（6）对化石发掘申请出具评审意见。

（7）对申请进出境的重点化石、涉嫌违法进出境的化石、有关部门查获的化石等出具鉴定意见。

(8)对收藏单位进行评估定级。
(9)开展化石保护和管理的专业培训。
(10)自然资源部规定的其他事项。

国家古生物化石专家委员会下设办公室,即国家化石办,负责国家古生物化石专家委员会日常工作。国家化石办的主要职责为组织实施委员会的各项决定,负责委员会的日常工作;组织起草化石鉴定标准、准则、指南等规范性技术文件;负责建立和管理全国古生物专家库,负责组织和指派评审鉴定专家;组织国家古生物专家委员对建立国家级古生物化石自然保护区和古生物博物馆重大决策问题进行咨询工作;组织专家委员对化石发掘、出入境申请材料提出评审意见;组织专家委员对国家重点化石及国内外查获的化石进行鉴定;负责建立和保管国家古生物专家委员会工作档案;负责筹备国家古生物专家委员会会议,承担国家古生物专家委员会换届工作;承担自然资源部有关司局和国家古生物化石专家委员会交办的其他相关工作。

二、省级自然资源主管部门和省级古生物化石专家委员会

(一)省级自然资源主管部门

《条例》和《办法》明确规定,省(自治区、直辖市)人民政府自然资源主管部门负责本行政区域内化石保护的组织、协调、指导和监督管理,履行下列职责:
(1)贯彻执行化石保护的法律、法规、规章制度和方针政策。
(2)组织协调有关部门和单位支持国家古生物化石专家委员会依照《条例》的规定开展工作。通过成立省级古生物化石专家委员会等方式,发挥专家的专业指导和咨询作用。
(3)依据《条例》和省(自治区、直辖市)有关规定确定的权限和程序,负责本行政区域内一般保护化石发掘、流通、进出境等相关事项的审批。
(4)建立和管理本行政区域的重点化石档案和数据库。
(5)监督检查化石保护和管理法律、法规、规章在本行政区域内的实施,依法查处违法案件。
(6)组织开展本行政区域内化石保护的科学研究、宣传教育和管理业务培训。
(7)法律、法规及自然资源部规定的其他职责。

(二)省级古生物化石专家委员会

按照《条例》和《办法》的要求,各省要成立省级古生物化石专家委员会。2015年11月,黑龙江省古生物化石专家委员会在哈尔滨成立。该专家委员会是在黑龙江省自然资源厅领导下,由省自然资源厅、省文旅厅、哈尔滨海关、省地质博物馆等部门和单位选派专家组成的,是为全省古生物化石保护管理以及促进古生物化石的科学研究、科学普及、合理利用提供技术支撑的组织。黑龙江省古生物化石专家委员会办公室设在黑龙江省地质科学研究所,负责处理日常工作。2023年,该专家委员会人员进行了调整。

三、化石产地的基层组织

化石产地所在市、县级政府,自然资源部门及其成立的地方性机构是化石保护体系中的基层组织。

绥化市青冈县人民政府在化石保护中起到了积极作用。2015年,青冈县将德胜乡英贤村近3km²区域作为保护区核心区,并重点打造"一村一室一站"。"一村":将德胜镇英贤村更名为英贤化石村(图4-1);"一室":在英贤化石村建设300m²的化石陈列展室,展出各类第四纪哺乳动物化石500件;"一站":在化石保护核心区设立古生物化石产地保护站(图4-2)。同时,研究制定了《青冈县古生物化石保护管理办法》,成立了青冈县古生物化石保护研究中心(图4-3、图4-4),对全县古生物化石进行统一保护与管理。

图4-1 英贤化石村

图4-2 英贤化石村古生物化石产地保护站

图4-3 青冈县古生物化石保护研究中心

图4-4 青冈县古生物化石保护研究中心内景

四、科研院所

目前,黑龙江省主要从事古生物化石科学研究的科研单位为黑龙江省地质科学研究所。黑龙江省地质科学研究所(简称科研所)隶属于黑龙江省地质矿产局,由原黑龙江省地质科学研究所与黑龙江省区域地质调查所整合而成。主要从事基础性、公益性、战略性和前沿性地质调查研究工作。自2012年以来,科研所实施了"黑龙江省古生物化石产地示范调查与监测(西部)""黑龙江省重点古生物化石调查、登记及保护规划""黑龙江省古生物化石资源数据采集""黑龙江省青冈县猛犸象-披毛犀动物群化石产地调查与评价"等多个中国地质调查局、黑龙江省自然资源厅资助的国家及地方领域古生物化石项目,取得了一定成果。单位3人入选国家古生物化石专家库,5人入选黑龙江省古生物化石专家委员会。2023年10月,科研所作为黑龙江省古生物化石采集保护研究基地联合建设单位,对基地相关工作给予支撑。

五、古生物博物馆

古生物博物馆是收藏、展示化石，进行古生物研究、修复和科普教育的场所，具有收藏量大、面向社会、功能多元化等特点。古生物博物馆按照其展出内容、规模和功能，可分为以下几类。

(1) 纯古生物类博物馆，如黑龙江嘉荫神州恐龙博物馆、青冈县第四纪古生物化石博物馆等。这些博物馆常年对外开放，展出当地特色古生物化石。

(2) 自然科学类博物馆，化石是其重要的展出内容，部分博物馆中化石内容占比超过50%，如黑龙江省地质博物馆(图4-5、图4-6)、黑龙江省博物馆、绥化市博物馆、鹤岗市地质博物馆、伊春市博物馆等。

2007年，黑龙江省地质博物馆正式开馆，其中的地层古生物厅、恐龙动物群厅、猛犸象-披毛犀动物群厅集中展示了黑龙江省地层古生物化石。自开馆以来，每年组织大量古生物科普宣传工作，为黑龙江省的古生物化石保护宣传工作打下了坚实基础。

(3) 地方性综合博物馆，其中省级博物馆规模较大，地市级的博物馆规模相对较小，内容繁多，化石只占其中一小部分，如黑龙江流域博物馆、大庆市博物馆(图4-7)、鸡西市博物馆、逊克鄂伦春民族博物馆、饶河博物馆(图4-8)等。

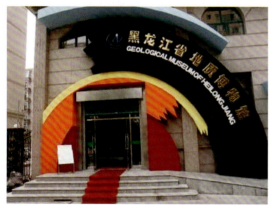
图4-5 黑龙江省地质博物馆

图4-6 黑龙江省地质博物馆展品

图4-7 大庆市博物馆展陈的猛犸象化石

图4-8 饶河博物馆展陈的猛犸象化石

(4) 隶属于高校、地质科研和生产单位的陈列室和实物资料中心，此类博物馆一般不向社会开放，服务于高校、地质科研和生产单位的科研教学及藏品保管，如黑龙江地质矿产陈列馆。

六、地质公园和国家级重点保护古生物化石集中产地

地质公园是具有特定范围可供公众游览的自然境地,包含需要保护的具有科学价值的地质遗迹。黑龙江省目前有两家古生物类地质公园,分别为黑龙江嘉荫恐龙国家地质公园(图 4-9、图 4-10)和黑龙江青冈猛犸象国家地质公园。

2001 年 12 月,黑龙江嘉荫恐龙国家地质公园经国家地质公园评审委员会审定,国家地质公园领导小组批准建立,并于 2005 年正式开园迎客,是集科考、科普教育以及旅游等多种功能于一体的综合博物馆。

图 4-9　黑龙江嘉荫恐龙国家地质公园

图 4-10　黑龙江嘉荫神州恐龙博物馆内景

2014 年 1 月,黑龙江省嘉荫化石产地顺利通过评审、公示,成为全国首批国家级重点保护古生物化石集中产地之一。

2016 年 12 月,青冈县人民政府提交了黑龙江省青冈县"国家级重点保护古生物化石集中产地"申报材料,系统介绍了基本情况、资源概况、产地保护价值、保护管理等内容。同月,国土资源部发布 2016 年第 34 号公告,批准青冈县古生物化石产地为"第二批国家级重点保护化石集中产地"。

2017 年 12 月,经国家地质公园专家评审会认定通过,黑龙江青冈猛犸象国家地质公园成为第八批国家地质公园之一。

七、相关部门

自然资源主管部门是化石保护工作的主管部门,但是化石保护工作需要各相关部门的协调与合作。化石保护涉及法规标准、保护体系、技术手段、科普教育等方面,同时打击滥采乱挖、非法走私,追索海外流失化石是化石保护工作的重点和难点之一。因此,科技、教育、文化、外交、住建、工商、文物、法制和海关等政府部门也是化石保护体系中的组成部分。

第五节　化石合作与交流

2011 年 8 月,由伊春市政府、黑龙江省国土资源厅等共同主办的"伊春地质古生物国际研讨会"在伊春市开幕,会议期间,在嘉荫举行了 K—Pg 界线揭碑仪式。该点被国际地质古生物界确认为全球 K—Pg 界线的第 95 号点(图 4-11)。这不仅是我国陆相白垩纪—古近纪地层界线的第一个国际性点位,也是我国近年来在地学领域取得的重大科研成果之一,在推动国际地质古生物研究中具有突出重要的意义。

图 4-11　嘉荫小河沿 XHY-2006 钻孔 K—Pg 界线标准点位（右图较高标志所示）

2016 年 5 月，青冈县作为黑龙江省化石产地代表，与新疆鄯善市、贵州兴义市、辽宁北票市、安徽巢湖市等其他 4 个地市受邀参加北京大学首届"化石文化周"活动，青冈县展出的猛犸象、披毛犀、东北野牛等实体化石引起首都各界关注（图 4-12、图 4-13）。

图 4-12　首届"化石文化周"青冈县参展猛犸象实体化石　　图 4-13　北京中小学生参观青冈县真骨实体化石

2016 年 6 月，青冈县人民政府向国家古生物化石保护基金会提出申请，提交了《黑龙江省青冈县"青冈猛犸象故乡"申报书》，系统阐述了青冈化石基本情况、资源条件、产地保护价值、管理与保护现状、保护开发规划等方面具体内容，并配以青冈猛犸象故乡专题片做推介。经基金会专家委员会专家组实地踏勘及最终评审，2016 年 7 月 12 日，青冈以平均分 96.18 分顺利通过评审，正式被命名为"中国猛犸象故乡"。

2016 年 11 月 20 日，为进一步叫响"中国猛犸象故乡"品牌，彰显青冈化石魅力，"陆海丝绸之路"中国猛犸象故乡——青冈化石推介会在首都人民大会堂北京厅隆重举行（图 4-14、图 4-15）。时任青冈县委书记杨勇、时任中国地质博物馆馆长贾跃明、中国科学院古脊椎动物与古人类研究所所长周忠和等出席推介会。推介会的召开对推动青冈化石的保护起到了积极作用。

图 4-14　青冈化石推介会启动仪式　　　　　　　　图 4-15　中国地质博物馆馆长在推介会致辞

2021年,黑龙江省地质科研所与青冈县古生物化石保护中心(图4-16)合作,利用三维激光扫描仪对中心内200件第四纪典型化石进行了扫描,通过扫描仪全方位、各个角度地记录了化石的细节特征,可以提供给不同用户开展继续研究、数字展示、教育宣传等工作,避免了因频繁使用实体化石造成的化石损坏,达到了化石保护的目的(图4-17)。

图4-16 青冈县古生物化石保护中心

图4-17 三维扫描效果图

附录一 泥盆纪化石图版

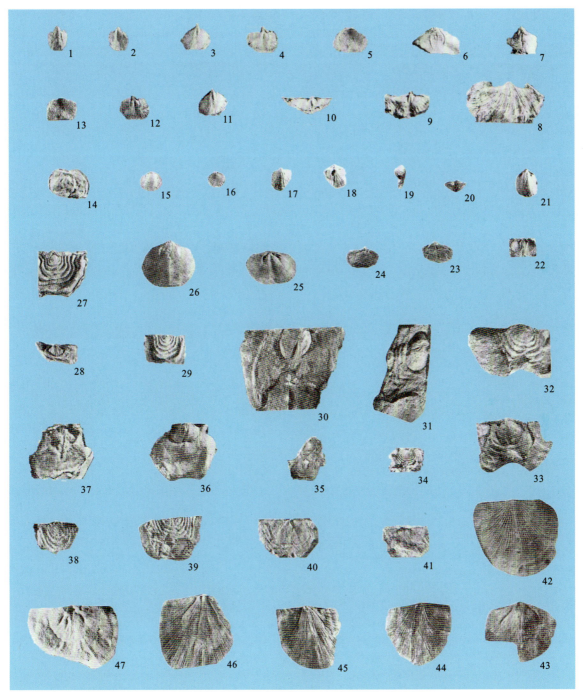

1、2. *Coelospirella pseudocamilla*；3~5、11~13. *Aulacella delerensis*；6、7. *Tridensilis piloides*；8. *Fimbrispirifer divaricatus*；9. *Acrospirifer? diadobomus*；10. *Mucrospirifer mucronatus*；14. *Petrocrania jinshuiensis*；15、16. *Dalejina woduheensis*；17~20. *Fascicostella parva*；21、22. *Levenea mesoloba*；23、24. *Discomyorthis kinsuiensis*；25、26. *Reeftonia borealis*；27~29. *Leptagonia quadrata*；30~33. *Leptaenopyxis bouei*；34、35. *Leptagonia daheliheensis*；36、37. *Leptagonia Sinuata*；38、39. *Leptagonia* cf. *wuliyastaica*；40、41. *Leptostrophia? vicina*；42~47. *Gladiostrophia kondoi*。

图1 泥盆纪腕足类化石图版 I

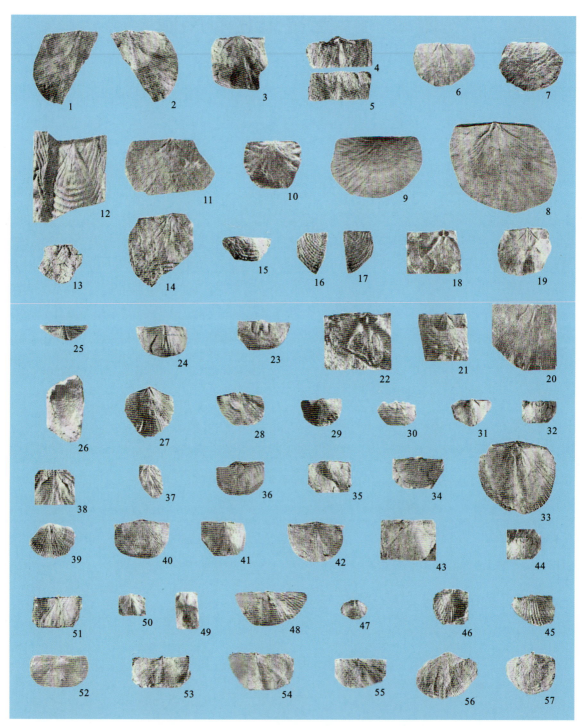

1~5. *Strophonella? lineate*; 6、7. *Leptostrophia rhytiformis*; 8~11. *Leptostrophia nonakai*; 12. *Rhytistrophia beckii*; 13~14. *Leptostrophia. sp.*; 15. *Rhytistrophia colombia*; 16、17. *Rhytistrophia muharica*; 18~20. *Protoleptostrophia nenjiangensis*; 21、22. *Protoleptostrophia perplana*; 23. *Douvillina sp.*; 24~26. *Pholidostrophia musculosa*; 27~30. *Hinganella chinensis*; 31、32. *Mesodouvillina borealis*; 33~36. *Schuchertella genliheensis*; 37~39. *Xenizostrophia hinganensis*; 40~43. *Protochonetes sinicus*; 44. *Strophochonetes hemiellipticus*; 45~47. *Longispina mucronata*; 48. *Pseudochonetes flexoplicatus*; 49、50. *Septaparmella dongbeiensis*; 51、52. *Chonostrophiella khinganensis*; 53~55. *Chonostrophiella sinuata*; 56、57. *Helaspis kenlyshensis*。

图 2　泥盆纪化石图版 Ⅱ

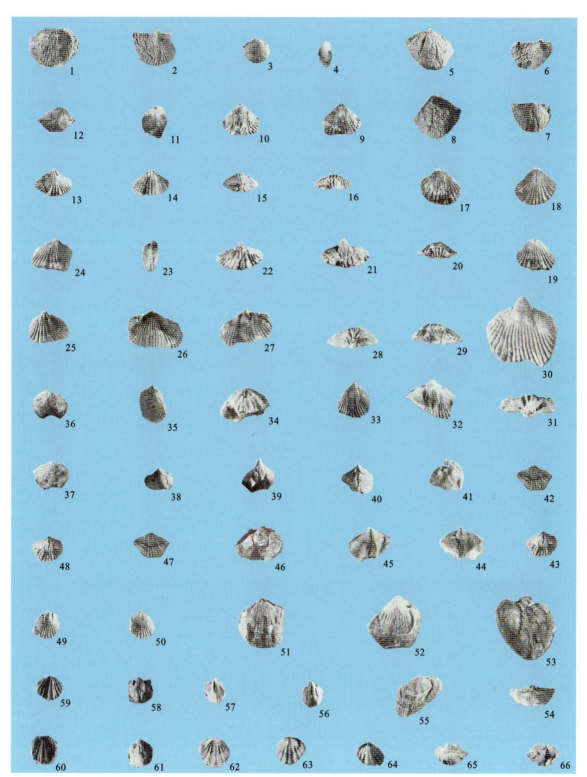

1～4. *Helaspis minuta*；5～8. *Praewaagenoconcha* sp.；9～12. *Asiarhynchia sinkiangensis*；13～16. *Cupularostrum genliheensis*；17～20. *Cupularostrum* cf. *recticostatum*；21～25. *Borealirhynchia lata*；26～29. *Borealirhynchia hinganensis*；30～35. *Wilsoniella grandis*；36～41. *Tridensilis piloides*；42、43. *Tridensilis ustriskii*；44～48. *Tridensilis tenuicosta*；49、50. *Lissopleura grandicosts*；51～55. *Spinatrypa khalfim*；56、57. *Coelospira pseudocamilla*；58～66. *Coelospirella dongbeiensis*。

图3 泥盆纪化石图版Ⅲ

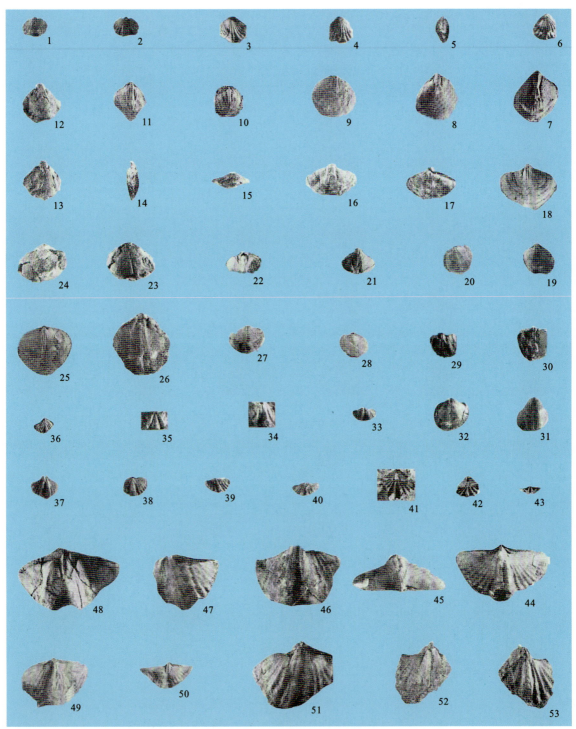

1~3. *Leptocoelia sinica*; 4~6. *Rhynchospirina* sp.; 7~11. *Charionella? orbicularis*; 12~15. *Paramerista brevisepta*; 16~18. *Athyris spiriferoides*; 19、20. *Athyris hinganensis*; 21~24. *Nucleospira musaulosa*; 25~28. *Nucleospira concinna*; 29~32. *Spinoplasia hinganensis*; 33~35. *Cyrtina kazi*; 36. *Cyrtina rostyata*; 37~40. *Cyrtina dalmani*; 41~43. *Cyrtina stolida*; 44~47. *Acrospirifer handaqiensis*; 48~50. *Acrospirifer dyadobomus*; 51~53. *Acrospirifer macrothyris*。

图4　泥盆纪化石图版Ⅳ

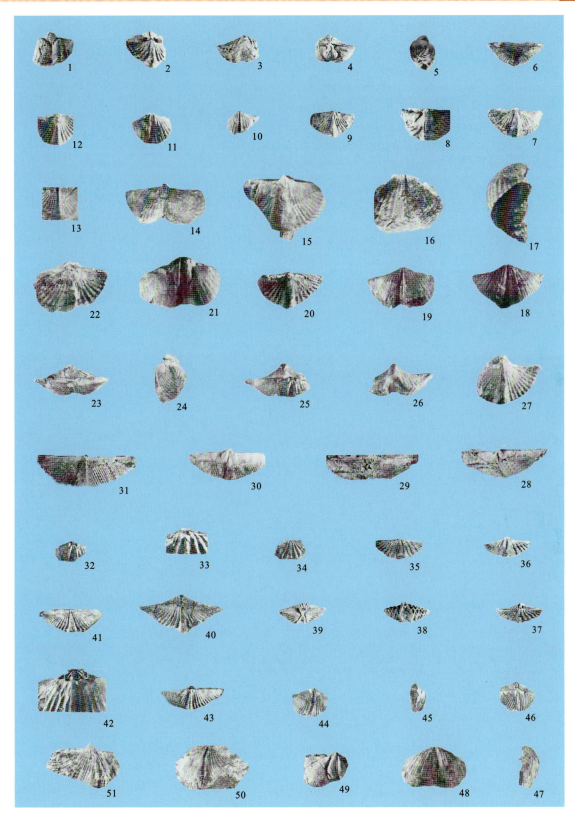

1～5. *Howelloidea rostrata*；6～10. *Howelloidea transversa*；11～13. *Paraspirifer gurjevkiensis*；14～17. *Paraspirifer gigantean*；18～27. *Euryspirifer huolongmenensis*；28～31. *Mucrospirifer mucronatus*；32～34. *Sculptospirifer sculptilis*；35～40. *Sculptospirifer acutiplicata*；41～46. *Sculptospirifer multiplicata*；47～51. *Fimbrispirifer divaricatus*。

图 5　泥盆纪化石图版 Ⅴ

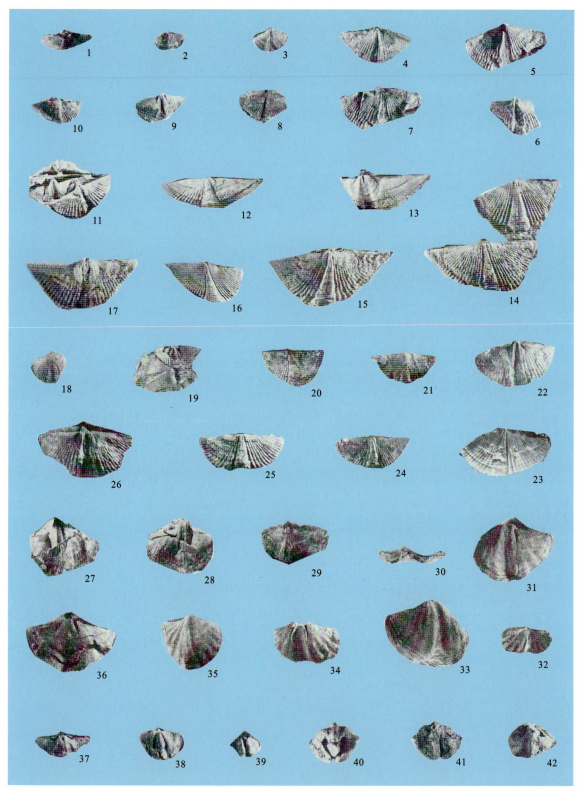

1～3. *Spinocyrtia aihuiensis*;4. *Mediospirifer* cf. *khinganensis*;5～7. *Mediospirifer audacula*;8～10. *Mediospirifer khinganensis*;11～13. *Khinganospiwrifer paradoxiformis*;14～17. *Khinganospiwrifer magnificus*;18～21. *Khinganospirifer daheliheensis*;22～26. *Khinganospiwrifer transversus*;27～30. *Cyrtospirifer* sp.;31～35. *Fallaxispirifer pseudofallax*;36. *Fallaxispirifer* aff. *korovini*;37～42. *Spondylothyris pinguis*。

图6　泥盆纪化石图版Ⅵ

附录一 泥盆纪化石图版

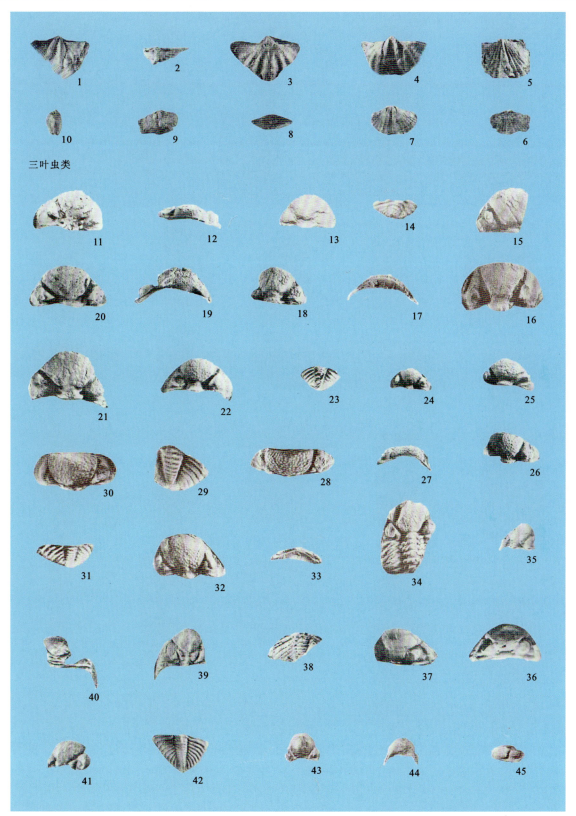

1~4. *Vndispirifer? trigonalis*; 5~10. *Elytha fimbriata*; 11、12. *Phacops aihuiensis*; 13~17. *Phacops cornutus*; 18~21. *Phacops delunhudugeensis*; 22~24. *Phacops genliheensis*; 25~27. *Phacops xiaowoniushanensis*; 28~31. *Phacops abbreviatus*; 32、33. *Phacops daheliheensis*; 34. *Phacops handaqiensis*; 35. *Nephranomma prostatum*; 36~38. *Nephranomma bucanatum*; 39~42. *Odontochile deleshanense*; 43~45. *Reedops cephalotes*。

图7 泥盆纪化石图版Ⅶ

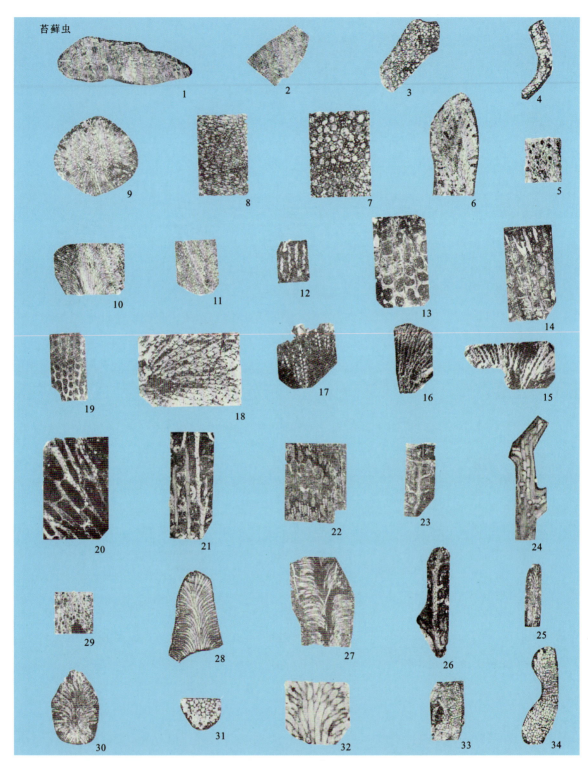

1、2. *Fistulipora altilis*；3、4. *Fistulipora tatouhuensis*；5、6. *Fistuliranus changi*；7、8. *Leioclema jinshuiense*；9~11. *Leioclema minoer*；12. *Fenestella usualis*；13、14. *Fenestella terato*；15. *Fenestella jinshuiensis*；16、17. *Fenestella kwangsiensis*；18. *Fenestella psewudoquadrata*；19. *Fenestella incerta*；20. *Fenestella dispanda*；21. *Semicoscinium amurense*；22. *Semicoscinium robustum*；23. *Penniretepora triantgulata*；24. *Penniretepora oblonga*；25. *Rhabdomeson antiquatum*；26. *Penniretepora niqiuheensis*；27~29. *Dyscritella huolongmenensis*；30. *Dyscritella devonica*；31、32. *Dyscritella aihuiensis*；33、34. *Fistulipora horridus*。

图 8　泥盆纪化石图版Ⅷ

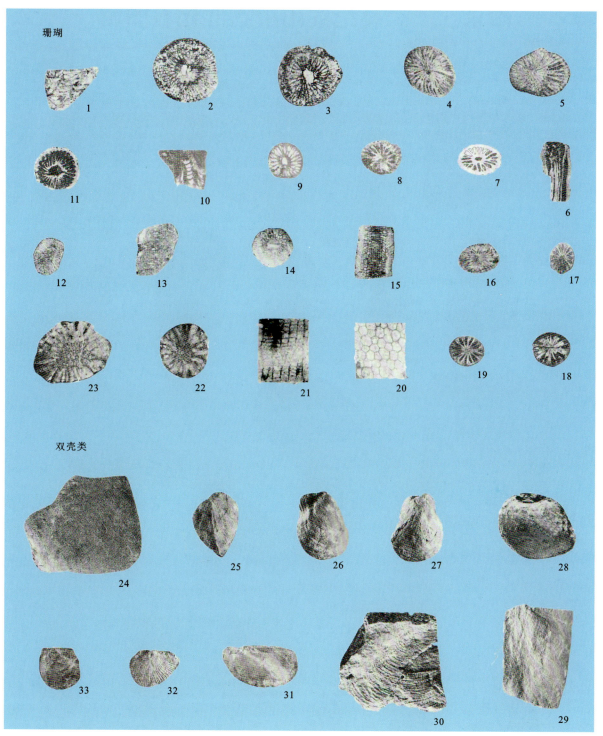

1～3. *Glossophyllum tubilaris*；4～6. *Barrandeophyllum bohemicum*；7、8. *Syringaxon bohemicum*；9、10. *Syringaxon mayibashanensis*；11. *Barrandeophyllum* sp.；12～15. *Temnophyllum nenjiangense*；16～19. "*Hapsiphyllum*" *hinganlingense*；20、21. *Favosites goldfussi*；22、23. *Thamnopora nenjiangensis*；24. *Megambonia megale*；25～27. *Megambonia kazakhstanica*；28. *Prosocoelus handaqiensis*；29、30. *Ptychopteria*(*Actinopteria*) *maxima*；31. *Leptodesma jinshuiensis*；32. *Pterinopecten aihuiensis*；33. *Pterinopecten daheliheensis*。

图9 泥盆纪化石图版 Ⅸ

附录二　二叠纪红山植物群化石图版

1. *Pecopteris yabei*；2. *Pecopteris hongshanensis*（sp. nov.）；3. *Pecopteris* cf. *cyathea*；4. *Sphenopteris heilongjiangensis*（sp. nov.）；5. *Viatscheslavia vorcuntensis*；6. *Sphenopteris incrassta*；7. *Iniopteris sibirica*；8. *Schizoneura* cf. *manchuriensis*；9. *Comia major*；10. *Sphenopteris yichunensis*（sp. nov.）；11. *Pterophyllum* cf. *slobodskiensis*；12. *Comia tenueaxis*（sp. nov.）；13. *Comia yichunensis*；14. *Compsopteris* cf. *contracus*；15. *Tychtopteris cuneata*；16. *Comia obess*（sp. nov.）。

图10　二叠纪红山植物群化石图版 I

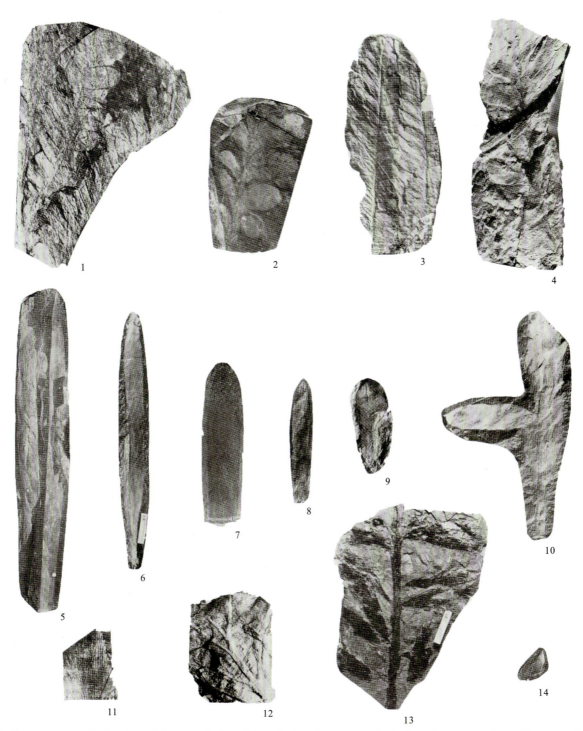

1. *Callipteris pseudoshenshuensis* (sp. nov.); 2. *Callipteris obese* (sp. nov.); 3. *Callipteris tangwangheensis* (sp. nov.); 4. *Callipteris hongshanensis* (sp. nov.); 5. *Noeggerathiopsis insignis*; 6. *Zamiopteris lanceolata*; 7. *Noeggerathiopsis tieliensis* (sp. nov.); 8. *Noeggerathiopsis* cf. *angustifolia*; 9. *Noeggerathiopsis obvata*; 10. *Xinganphyllum inaequale* (gen. sp. nov.); 11. "*Odontopteris?*" *xinganensis* (sp. nov.); 12. *Callipteris biforma* (sp. nov.); 13. *Ginkgophyopsis? xinganensis* (sp. nov.); 14. *Lepeophyllum trigonum*。

图 2 二叠纪红山植物群化石图版 II

附录三 白垩纪恐龙生物群化石图版

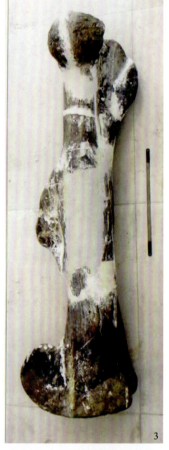
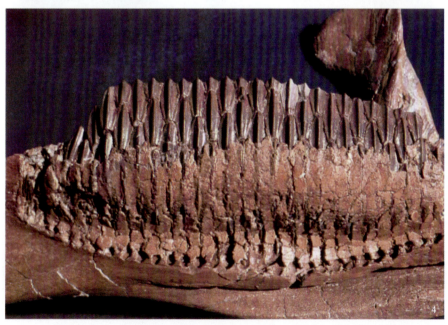

1、2.鄂伦春黑龙（上颌骨）；3.黑龙江满洲龙（股骨）；4.黑龙江满洲龙（下颌骨）。

图1 白垩纪恐龙生物群图版Ⅰ

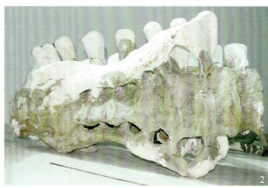

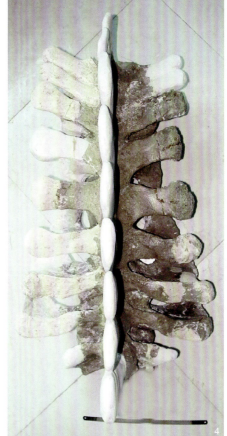

1~4.黑龙江满洲龙(荐椎);5.黑龙江满洲龙(胫骨)。

图2 白垩纪恐龙生物群图版Ⅱ

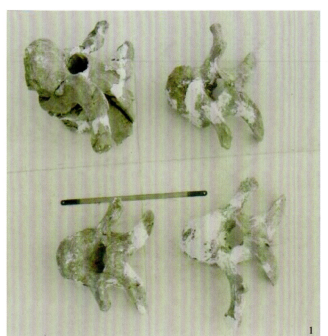

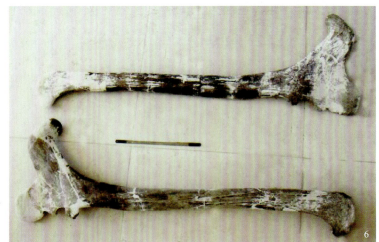

1、2.黑龙江满洲龙(颈椎);3.黑龙江满洲龙(尾椎);4.黑龙江满洲龙(腓骨);
5.黑龙江满洲龙(肩胛骨);6.黑龙江满洲龙(耻骨)。

图3 白垩纪恐龙生物群图版Ⅲ

附录三 白垩纪恐龙生物群化石图版

1. 黑龙江满洲龙(背椎);2. 黑龙江满洲龙(乌喙骨);3. 黑龙江满洲龙(坐骨);4. 黑龙江满洲龙(肠骨);
5. 黑龙江满洲龙(方骨);6. 黑龙江满洲龙(肱骨);7. 黑龙江满洲龙(肠骨)。

图 4 白垩纪恐龙生物群图版 Ⅳ

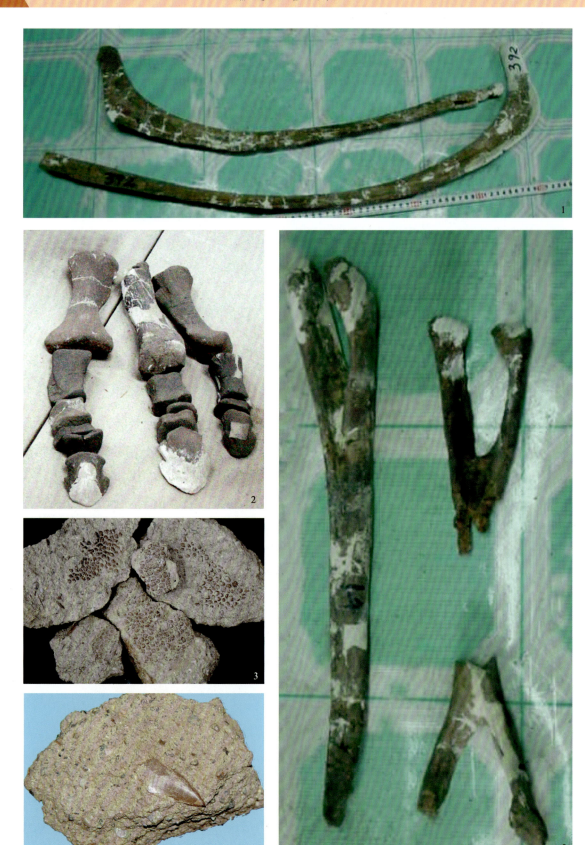

1. 黑龙江满洲龙（肋骨）；2. 黑龙江满洲龙（后掌骨）；3. 恐龙皮肤；4. 暴龙牙齿；5. 黑龙江满洲龙（脉弧）。

图 5　白垩纪恐龙生物群图版 V

主要参考文献

陈广雅,1959.鸡西煤田地层概论[J].地质论评,19(5):216-219.

顾知微,1962.记滇中几个晚白垩世淡水瓣鳃类化石并略回顾云南陆相白垩系的研究[J].古生物学报,10(3):287-310.

何承全,万传彪,杨明杰,1999.黑龙江省东部虎林盆地欧特里夫—巴列姆期沟鞭藻类[J].古生物学报,38(2):183-202.

黑龙江省地质矿产局,1993.黑龙江省区域地质志[M].北京:地质出版社.

黑龙江省地质矿产局,1997.黑龙江省岩石地层[M].武汉:中国地质大学出版社.

黄本宏,1977.小兴安岭东南部二叠纪植物群[M].北京:地质出版社.

黄冠军,1992.黑龙江东部双鸭山、集贤煤田中生代含煤地层研究[J].古生物学报,31(2):129-162.

金基东,南润善,朱慈英,1989.大兴安岭伊勒呼里山东部晚奥陶世地层[J].中国地质科学院沈阳地质矿产研究所所刊(18):21-28.

具然弘,郑少林,于希汉,等,1981.黑龙江省东部龙爪沟群及鸡西群[J].地质论评(5):391-401.

李子舜,于希汉,1982.黑龙江省东部地区中—晚侏罗世的双壳类化石[M].沈阳:辽宁科学技术出版社.

梁仲发,1982.黑龙江省东部中侏罗世一些菊石[M].沈阳:辽宁科学技术出版社.

刘第墉,朱慈英,薛春汀,1985.小兴安岭西北部多宝山地区奥陶纪腕足动物[J].中国地质科学院沈阳地质矿产研究所所刊(11):5-62.

刘牧灵,1990.东北地区晚白垩世-第三纪孢粉组合序列[J].地层学杂志,14(4):277-285.

刘效良,1981.黑龙江省鸡西麻山群后生动物化石[J].中国地质科学院院报,3(1):71-83.

南润善,1985.黑龙江省伊勒呼里山北坡早期奥陶世黄斑脊山组三叶虫[J].中国地质科学院沈阳地质矿产研究所所刊(12):13-27+120-121.

沙金庚,2002.黑龙江东部早白垩世生物地层学研究的主要进展[J].地学前缘,9(3):95-101.

苏养正,1981.论图瓦贝 *Tuvaella* 的时空分布和生态环境[J].古生物学报,20(6):567-576+608.

孙革,全成,孙春林,等,2005.黑龙江嘉荫乌云组地层划分及时代的新认识[J].吉林大学学报(地球科学版),35(2):137-142.

孙革,郑少林,迪尔切,等,2001.辽西早期被子植物及伴生植物群[M].上海:上海科技教育出版社.

孙革,等,2014.黑龙江嘉荫晚白垩世—古新世生物群、K—Pg界线及恐龙灭绝[M].上海:上海科技教育出版社.

王成源,康宝祥,张海日,等,1986.黑龙江那丹哈达岭地区三叠纪牙形刺的发现及其地质意义[C]//中国北方板块构造论文集编委会,中国北方板块构造论文集(第1集).北京:地质出版社,208-214.

王鑫甫,曹流.1999.黑龙江嘉荫晚白垩世渔亮子组孢粉地层研究[J].微体古生物学报,16(2):190-194.

王义刚,1983.黔西南法郎组(Ladinian-E.Carnian)菊石[J].古生物学报,22(2):153-164.

王志伟,2017.小兴安岭-张广才岭早古生代火成岩的岩石学与地球化学:对块体拼合历史和地壳属性的制约[D].长春:吉林大学.

杨群,王玉净,刘荣芝,1992.黑龙江省那丹哈达地体的T/J界线地层[J].科学通报(6):547-549.

张立君,张英菊,1982.辽宁阜新盆地阜新组介形虫化石[J].古生物学报,21(3):362-372.

赵武锋,郭亚军,1995.完达山地区中三叠—早侏罗世放射虫组合[J].黑龙江地质,6(2):13-16.

周志炎,1980.黑龙江省鸡西、穆棱地区晚中生代地层及其植物组合的基本面貌[J].中国科学院南京古生物研究所丛刊(1):56-75.

朱慈英,1992.内蒙古—兴安区奥陶纪地层分区及其地质意义[J].中国地质科学院沈阳地质矿产研究所集刊(1):44-49.

朱慈英.1986.大、小兴安岭北部奥陶纪地层[J].中国区域地质(4):349-358+348.

祝幼化,何承全,2003.黑龙江省东部中侏罗世至早白垩世沟鞭藻组合序列[J].地层学杂志,27(4):282-288.

GODEFROIT P, HAI S, YU T, et al., 2008. New hadrosaurid dinosaurs from the uppermost Cretaceous of northeastern China[J]. Acta Palaeontologica Polonica,53:47-74.

内部资料

黑龙江省地质矿产局区域地质测量队,1967.1:20万宾县、五常幅区域地质调查报告[R].哈尔滨:黑龙江省地质科学研究所.

黑龙江省地质矿产局区域地质测量队,1969.1:20万一面坡幅区域地质调查报告[R].哈尔滨:黑龙江省地质科学研究所.

黑龙江省地质矿产局区域地质测量队,1969.1:20万木兰县幅区域地质调查报告[R].哈尔滨:黑龙江省地质科学研究所.

黑龙江省地质矿产局区域地质测量队,1970.1:20万铁力县幅区域地质调查报告[R].哈尔滨:黑龙江省地质科学研究所.

黑龙江省地质矿产局区域地质测量队,1971.1:20万金山屯幅区域地质调查报告[R].哈尔滨:黑龙江省地质科学研究所.

黑龙江省地质矿产局第一区域地质调查大队,1979.1:20万萝北县幅区域地质调查报告[R].哈尔滨:黑龙江省地质科学研究所.

黑龙江省地质矿产局第一区域地质调查大队,1981.1:20万宝清县幅区域地质调查报告[R].哈尔滨:黑龙江省地质科学研究所.

黑龙江省地质矿产局第一区域地质调查大队,1983.1:20万兴隆沟、呼玛镇幅区域地质调查报告[R].哈尔滨:黑龙江省地质科学研究所.

黑龙江省地质矿产局第一区域地质调查大队,1984.1:20万密山县、鸡东县、虎林县、虎头、兴凯湖农场、六分场幅区域地质调查报告[R].哈尔滨:黑龙江省地质科学研究所.

黑龙江省地质矿产局第二区域地质调查大队,1985.1:20万开库康幅区域地质调查报告[R].哈尔滨:黑龙江省自然资源调查院.

黑龙江省地质矿产局第二区域地质调查大队,1985.1:20万塔源幅区域地质调查报告[R].哈尔滨:黑龙江省自然资源调查院.

黑龙江省地质矿产局第一区域地质调查大队,1987.1:20万小佳河公社、饶河县幅区域地质调查报告[R].哈尔滨:黑龙江省地质科学研究所.

黑龙江省地质矿产局第一区域地质调查大队,1987.1:20万珍宝岛幅区域地质调查报告[R].哈尔滨:黑龙江省地质科学研究所.

黑龙江省地质矿产局第二区域地质调查大队,1989.1:2万呼中区、东方红林场幅区域地质调查报告[R].哈尔滨:黑龙江省自然资源调查院.

黑龙江省地质矿产局第一区域地质调查大队,1990.1:20万沙兰站公社幅区域地质调查报告[R].哈尔滨:黑龙江省地质科学研究所.

黑龙江省地质矿产局第一区域地质调查大队,1993.1:5万独木河幅区域地质调查报告[R].哈尔滨:黑龙江省地质科学研究所.

黑龙江省地质矿产局第二区域地质调查大队,1996.1:5万前进林场、林海、柯多蒂河、塔源幅区域地质调查报告[R].哈尔滨:黑龙江省自然资源调查院.

黑龙江省第一区域地质调查所,1997.1:5万尚志市、帽儿山、山河林场、黑龙宫幅区域地质调查报告[R].哈尔滨:黑龙江省地质科学研究所.

黑龙江省地质调查总院、黑龙江省第一区域地质调查所,2000.1:5万神树镇幅区域地质调查报告[R].哈尔滨:黑龙江省地质科学研究所.

黑龙江省地质调查研究总院,2004.1:25万虎林市、虎头镇幅区域地质调查报告[R].哈尔滨:黑龙江省自然资源调查院.

黑龙江省地质调查研究总院,2004.1:25万鸡西市幅区域地质调查修测报告[R].哈尔滨:黑龙江省自然资源调查院.

黑龙江省地质调查研究总院,2006.1:25万乌云镇、嘉荫县、太平沟幅区调修测报告[R].哈尔滨:黑龙江省自然资源调查院.

黑龙江省地质调查研究总院,2008.1:25万牡丹江市幅区域地质调查报告[R].哈尔滨:黑龙江省自然资源调查院.

黑龙江省地质调查研究总院,2008.1:25万卧都河区调修测项目修测报告[R].哈尔滨:黑龙江省自然资源调查院.

黑龙江省地质调查研究总院,2008.1:25万兴隆幅、呼玛县幅区调修测报告[R].哈尔滨:黑龙江省自然资源调查院.

黑龙江省区域地质调查所,2012.1:25万嫩江县、孙吴县幅区调修测报告[R].哈尔滨:黑龙江省地质科学研究所.

黑龙江省有色金属地质勘查研究总院,2013.1:5万红星、晨明、威岭幅区域地质矿产调查报告[R].哈尔滨:黑龙江省有色金属地质勘查研究总院.

黑龙江省地调研究总院齐齐哈尔分院,2014.1:25万塔河、新街基、开库康幅区调修测报告[R].哈尔滨:黑龙江省自然资源调查院.

黑龙江省地质调查研究总院,2015.1:5万嫩北农场四队、座虎滩公社、杨树村、沐河屯幅区域地质矿产调查项目[R].哈尔滨:黑龙江省自然资源调查院.

中国地质调查局沈阳地质调查中心,2015.1:5万南燕窝沟、山泉公社、罕达罕、陈家大岗幅区域地质调查报告[R].沈阳:中国地质调查局沈阳地质调查中心.